解构主义与动态构成：
Deconstruction and Dynamic-Construction：

建筑造型与空间的探索
Exploration of Architectural Form and Space

现代建筑名作访评
REVIEW OF MODERN ARCHITECTURE FAMOUS WORKS

薛恩伦
ENLUN XUE

中国建筑工业出版社
CHINA ARCHITECTURE & BUILDING PRESS

图书在版编目（CIP）数据

解构主义与动态构成：建筑造型与空间的探索 / 薛恩伦. — 北京：中国建筑工业出版社，2019.3
（现代建筑名作访评）
ISBN 978-7-112-23049-5

Ⅰ. ①解… Ⅱ. ①薛… Ⅲ. ①建筑设计 — 研究 Ⅳ. ① TU2

中国版本图书馆 CIP 数据核字（2018）第 275940 号

责任编辑：吴宇江
责任校对：王 烨

现代建筑名作访评
REVIEW OF MODERN ARCHITECTURE FAMOUS WORKS

解构主义与动态构成：建筑造型与空间的探索

Deconstruction and Dynamic-Construction：Exploration of Architectural Form and Space

薛恩伦
ENLUN XUE

*
中国建筑工业出版社出版、发行（北京海淀三里河路 9 号）
各地新华书店、建筑书店经销
北京点击世代文化传媒有限公司制版
天津图文方嘉印刷有限公司印刷
*
开本：889 × 1194 毫米 横 1/12 印张：10⅔ 字数：258 千字
2019 年 4 月第一版 2019 年 4 月第一次印刷
定价：188.00 元
ISBN 978-7-112-23049-5
（33120）

内容提要 Abstract

1988 年，著名建筑师菲利普·约翰逊（Philip Johnson，1906–2005 年）在马克·A·威格利（Mark Antony Wigley）的协助下，在纽约现代艺术博物馆（Museum of Modern Art，简称 MoMA）举办了一次“解构主义建筑展”，展出 7 位建筑师的作品，包括弗兰克·盖里、扎哈·哈迪德、彼得·埃森曼、丹尼尔·里伯斯金、伯纳德·屈米以及雷姆·库哈斯和蓝天组建筑设计顾问有限公司。虽然这7位建筑师或建筑设计公司并非都同意“解构主义”（Deconstruction）的观点，却都被戴上了解构主义建筑师的“桂冠”。此后，英国建筑杂志《建筑设计》又连续出版“解构主义”三期专刊，详细介绍解构主义哲学创始人雅克·德里达（Jacque Derrida，1930–2004 年）和所谓的解构主义建筑学作品，在国际建筑界掀起一波宣传解构主义建筑学的浪潮。

认真分析一下在纽约现代艺术博物馆举办的“解构主义建筑展”和展出的 7 位建筑师的作品，就会发现“解构主义建筑展”是一种名不符实的宣传，“解构主义建筑学”是被“炒作”出来的、无中生有的“理论”。本书作者用了近十年的时间考察了被称为“解构主义建筑学”的大部分作品，并查阅了相关资料。事实说明：大部分所谓的解构主义建筑作品都是在构成主义（Constructivism）影响下的产物，包括被认为是解构主义代表性作品的“拉维莱特公园”。伯纳德·屈米在拉维莱特公园中运用的点、线、面构思也是受构成主义（Constructivism）理论家瓦西里·康定斯基的著作《从点、线到平面》的启示，与雅克·德里达的解构主义哲学无关。所谓的“解构主义建筑造型”应当称之为“动态构成”（Dynamic-Construction），是由构成主义发展出来的一种具有动态造型的设计构思。

本书重点介绍的 3 位建筑师是：弗兰克·盖里、彼得·埃森曼和扎哈·哈迪德。弗兰克·盖里是“解构主义建筑展”中资格最老的建筑师，但是盖里本人对解构主义却不感兴趣，他甚至说“我不是一个解构主义者！那个术语确实令我很糊涂，……远在那个术语发明前我已经当了20 多年建筑师了”。从弗兰克·盖里的作品中，可以看到他探讨动态构成与艺术包装的过程。彼得·埃森曼被誉为“建筑师中的哲学家”，他在设计中经常运用哲学思维分析问题，虽然他对解构主义也很感兴趣，但是他认为：解构主义是一种意识形态，哲学思想与建筑风格无关。全面分析埃森曼的作品，会发现构成主义对他的影响更多一些。扎哈·哈迪德坦率地说过：我的作品是受早期俄罗斯先锋派影响，尤其是马列维奇的构成主义作品、莫霍利·纳吉的画、埃尔·利西茨基的系列作品和雕塑，对我都有着影响。但是，哈迪德没有拘泥于构成主义的影响，曲线状的“动态构成”是哈迪德成熟阶段的设计特征。

本书介绍的作品均为当代名作，考虑到国内虽有相关资料，但是介绍得不够详细。作者在编写过程中尽量把作品介绍详细些，编入的图片超过 330 幅，力图使读者清楚地了解作品的全貌，对于尚未去过作品现场的读者尤为重要。

In 1988，the renowned architect Philip Johnson（1906-2005），together with Mark Antony Wigley，organized an exhibition on Deconstructivist Architecture at the Museum of Modern Art in New York，featuring works by Frank Gehry，Zaha Hadid，Peter Eisenman，Daniel Libeskind，Bernard Tschumi，Rem Koolhaas，and Coop Himmelb. Despite their approving the idea of “Deconstruction” only partly，these seven were “crowned” Deconstructivist architects. Afterwards，British Architectural Design published consecutively three columns of Deconstruction I-III，elaborating on Jacques Derrida（1930-2004），founder of philosophy of Deconstruction，and works labeled as Deconstructivist architecture. This has raised a wave of publicity of Deconstruction in global architectural community.

If we analyze closely the 1988 Deconstructivist Architecture exhibition in New York，we may find it a mere form of propaganda more in name than reality. Deconstruction in architecture is a hyped “theory” rising out of nothing. The author of this book has visited the majority of “Deconstructivist” buildings worldwide in recent ten years and referred to large amounts of related books. All facts point to one conclusion：The bulk of what is called “Deconstructivist” architecture are products under the influence of Constructivism，including Parc de la Villette which was cited as prototypical Deconstruction. Bernard Tschumi got his inspiration from **Point and Line to Plane** by the Constructivism theorist Wassily Kandinsky and was independent of Jacques Derrida’s philosophy of Deconstruction. So-called Deconstructive architectural form should be referred to as “Dynamic-Construction”，an architectural conception developed from Constructivism.

The three architects mainly presented in this book are Frank Gehry，Peter Eisenman and Zaha Hadid. Frank Gehry was the most highly experienced architect in the 1988 exhibition. Gehry himself however has little interest in Deconstruction，he once defied “I am not a Deconstructivist，I am actually perplexed by the term...I have been an architect for more than 20 years long before the term was invented.” In his work we can see Gehry’s contemplation of dynamic construction and artistic Packaging. Peter Eisenman is acclaimed as “the Philosopher of architects”. He often introduces philosophical approach into his architectural design. Although much interested in Deconstruction，Eisenman believes it is a form of ideology，an idea of philosophy，having no bearing on architectural style. The impact of Constructivism on Eisenman’s works is altogether much stronger. Zaha Hadid once said frankly，“My works is influenced by early Russian pioneers. Constructivism works by Kasimir Malevitch，paintings by Moholy-Nagy，and serial works and sculptures by El Lissitzky all have had influence.” However，Hadid did not confine herself to these influence，her designing maturity is perfectly embodied by her curving expression of dynamic-construction.

Works introduced in this book is mostly contemporary，reference books of Chinese version are rare and rough. Therefore，the author，as usual，strives to give as many details as possible and amplify his remarks with more than 330 pictures. It is so that he believes the readers，especially those who have not been to the scene，can fully admire these works.

前　言 Preface

我很早便对弗兰克· 盖里、彼得· 埃森曼和扎哈· 哈迪德 3 位建筑师的作品感兴趣，纽约现代艺术博物馆的“解构主义建筑展”和英国建筑杂志《建筑设计》(Architectural Design) 连续出版的“解构主义”(Deconstruction I-III) 专刊，更加引起我的重视。20 世纪末，我曾在世界建筑上发表过几篇短文，介绍 3 位建筑师的作品，也试图介绍所谓的“解构主义建筑学”，但是，总觉得说不清楚，“解构主义哲学”也很难令人理解。最终还是决定先认真到现场考察一下所谓的“解构主义建筑学”的作品，然后再作评论。

《现代建筑名作访评》(REVIEW OF MODERN ARCHITECTURE FAMOUS WORKS) 原拟出版 8 卷，作为献给清华大学建校 100 周年的礼物。出版 5 卷后，写到“解构主义建筑学”就写不下去了，主要是难下结论。再三思考，决定先奉献 5 本《现代建筑名作访评》。然后，集中力量，先把《古代建筑名作解读》10 卷先写出来。现在《古代建筑名作解读》我已写完 6 卷，其他 4 卷已请好友们协助，争取清华大学建校 110 周年完成。《现代建筑名作访评》余下的 2 卷由我继续完成。本书是《现代建筑名作访评》系列之一，余下的另外 2 卷是《后现代建筑思潮》与《现代建筑运动初期的流派》。

感谢曲敬铭、孙煊、周锐、李文海、叶子轻、邵力群、卢岩、甘晓音、宋欣然为本书提供的珍贵照片，感谢卢岩为我们出国考察的大力协助并为本书提供了内容提要和作者介绍的英文译稿，感谢中国建筑工业出版社吴宇江编审为本书出版所做的一切。

薛恩伦

2018 年 5 月 1 日于清华园

目　录 Contents

1. 解构主义与动态构成

Deconstruction and Dynamic-Construction

1.1 解构主义与解构主义建筑学

Deconstruction and Deconstructivist Architecture

1988 年，著名建筑师菲利普·约翰逊（Philip Johnson，1906–2005 年）在马克 A. 威格利（Mark Antony Wigley）的协助下，在纽约现代艺术博物馆（Museum of Modern Art，简称 MoMA）举办了一次“解构主义建筑展”，展出 7 位建筑师的作品，包括弗兰克·盖里（Frank Gehry）、扎哈·哈迪德（Zaha Hadid）、彼得·埃森曼（Peter Eisenman）、丹尼尔·里伯斯金（Daniel Libeskind）、伯纳德·屈米（Bernard Tschumi）以及雷姆·库哈斯（Rem Koolhaas）和蓝天组建筑设计顾问有限公司（Coop Himmelb），虽然这 7 位建筑师或建筑设计公司并非都同意《解构主义》的观点，却都被戴上了解构主义建筑师的“桂冠”。此后，英国建筑杂志《建筑设计》（Architectural Design）又连续出版 3 期专刊介绍“解构主义”（Deconstruction I-III），详细介绍所谓的解构主义建筑作品，在国际建筑界掀起一波宣传解构主义建筑学的浪潮。

所谓的“解构主义建筑学”源于解构主义哲学，解构主义哲学创始人雅克·德里达（Jacque Derrida，1930–2004 年）不满于几千年来的西方哲学思想，对传统的、不容置疑的哲学信念发起挑战。德里达在 20 世纪 60 年代提出的一种哲学思想，通常被人们称为后结构主义（Post-Structuralism）。解构主义认为结构主义（Structuralism）哲学思想是形而上学的、静止的、僵化的，因而针锋相对地提出要予以“解构”。[①] 德里达是法籍犹太人，出生于阿尔及利亚，19 岁赴法国学习，1980 年获哲学博士学位。基于对语言学（linguistics）中的结构主义（structuralism）的批判，德里达以《文字语言学》《声音与现象》《书写与差异》三部书宣告解构主义的确立，此后，形成以德里达、罗兰·巴尔特、福科、保尔·德·曼等理论家为核心的解构主义思潮。解构主义最大的特点是反中心，反权威，反二元对抗，反非黑即白的理论。德里达否定任何意义上的中心的存在，只有“活动”存在，存在不断被否定，中心不断转移，其空缺由不在场的共存填补。德里达不仅是 20 世纪后半期解构主义思潮的代表人物，也是哲学史上争议最大的人物之一。[②]

德里达对建筑学很感兴趣，因为他发现在视觉艺术领域能够表达他的“解构主义”思想。从所谓的解构主义建筑作品中可以看出，最突出的特点是“失稳的状态”，然而所谓的“解构”并非把建筑物的结构、设备管道等实用功能部分加以消解，仅仅是打破传统的构图法则，提倡分裂、片断、不完整、无中心、不稳定和持续变化的构图手法，仅仅是造型的变化。

1983 年，在国际竞赛中获胜的拉维莱特公园（Parc de la Villette）一度被认为是解构主义最具代表性的作品。[③] 拉维莱特公园的设计人伯纳德·屈米也因此成为解构主义建筑的理论家，虽然屈米此前也曾发表过对抗传统设计理念的文章，拉维莱特公园的获奖与建造更加提高了他在国际建筑界的声誉。2012 年出版的屈米著作《建筑概念：红不只是一种颜色》（Architecture concepts：red is not a color）系统地介绍了个人作品，重点介绍拉维莱特公园，书名似乎有些哲学味道。[④] 屈米的其他作品并不令人特别赞赏，本书作者曾经拜访过他在美国辛辛那提大学设计

---

① 结构主义（structuralism）是发端于 19 世纪的一种方法论，由瑞士语言学家索绪尔（Ferdinand de Saussure，1857–1913）创立，经过维特根斯坦、让·皮亚杰、拉康、克洛德·列维－斯特劳斯、罗兰·巴特、阿尔都塞、科尔伯格、乔姆斯基和福柯等人的发展与批判，已成为当代世界的重要思潮。皮亚杰（Jean Piaget，1896–1980）在《结构主义》一书中指出：思维结构有整体性、转换性和自调性等三要素。结构由于其本身的规律而自行调节，并不借助于外在的因素，所以结构是自调的、封闭的。

② 雅克·德里达是法国哲学家，20 世纪下半期最重要的法国思想家之一，西方解构主义的代表人物，1983 年起任巴黎高等社会科学研究院研究主任，还是国际哲学学院创始人和第一任院长，法兰西公学名誉教授。德里达是解构主义哲学的代表人，他的思想在 20 世纪 60 年代以后掀起了巨大波澜，成为欧美知识界最有争议性的人物。德里达的理论动摇了整个传统人文科学的基础，也是整个后现代思潮最重要的理论源泉之一。主要代表作有《论文字学》（1967 年）《声音与现象》（1967 年）《书写与差异》（1967 年）《散播》（1972 年）《哲学的边缘》《立场》（1972 年）《丧钟》（1974）《人的目的》（1980 年）《胡塞尔现象学中的起源问题》（1990）《马克思的幽灵》（1993）《与勒维纳斯永别》（1997）《文学行动》等。德里达的思想一直以来都有很大争议。由于它的思想和英美哲学主流的分析哲学格格不入，因此他从来不被美国的哲学界所重视。他的思想影响非常广泛，被用作女权主义运动、同性恋抗争、黑人运动等的理论武器。而他的思想也不被许多传统学者所接受，认为他破坏了西方文明。2004 年，德里达与世长辞，法国总统希拉克发表声明高度评价了德里达毕生对法国思想文化和人类文明做出的贡献：“正是有了他，法国才给了整个世界一位最伟大的哲学家和对当代知识生活产生了重要影响的人物。”

③ Andrew Benjamin. Derrida，Architecture and Philosophy[J]. Architectural Design：Deconstruction in Architecture，1988：8–11.

④ 屈米著作《建筑概念：红不只是一种颜色》令人联想我国古代伟大的逻辑学家公孙龙提出的“白马非马”，逻辑学是哲学的分支，公孙龙发现了名词的外延和内涵的关系。就“马”的外延说，“马”这个名词包括白马在内，但就“马”的内涵说，“马”这个名词指马的本质属性，和“白马”这个名词所代表的概念是有区别的。“白马非马”这个命题也反映了辩证法中的一个重要问题：“同一性与差别性”的关系。

的教学楼和在希腊雅典设计的卫城博物馆，尤其是雅典卫城博物馆，实在不敢恭维，不仅看不到所谓的解构主义构思，甚至建筑物的尺度与环境也不和谐。

弗兰克·盖里是“解构主义建筑展”中资格最老的建筑师，有人甚至称他为“解构主义建筑之父”，但是盖里本人对解构主义却不感兴趣，他甚至说“我不是一个解构主义者！那个术语确实令我很糊涂，……远在那个术语发明前我已经当了20多年建筑师了”。[⑤] 盖里的作品很多，他对建筑风格不断探索，他是美国当代最重要的建筑师，本书的最后一章将有详细介绍。

彼得·埃森曼被誉为“建筑师中的哲学家”，名不虚传。埃森曼在剑桥大学攻读博士学位期间，阅读过大量哲学书籍，他在早期设计中经常运用结构主义哲学思维分析问题。20世纪80年代，他结识了法国哲学家雅克·德里达，对解构主义很感兴趣，他们彼此经常交流学术思想。但是，埃森曼认为：解构主义是一种意识形态，哲学思想与建筑风格无关。全面分析埃森曼的作品，建筑学的构成主义（Constructivism）对他的影响或许更多一些。

扎哈·哈迪德是伊拉克裔英籍女建筑师，1950年出生于巴格达，在黎巴嫩就读过数学系，1972年进入伦敦的建筑联盟学院（AA，Architectural Association）学习建筑学，1977年毕业并获得伦敦建筑联盟学院的硕士学位。哈迪德求学期间对20年代苏联的前卫派艺术很感兴趣，包括卡西米尔·塞文洛维奇·马列维奇的至上主义（Supprematism）和弗拉基米尔·塔特林、瓦西里·康定斯基的构成主义。[⑥] 纽约现代艺术博物馆继解构主义建筑展之后又专门举办一次展览，介绍20年代俄罗斯的前卫派艺术。

丹尼尔·里伯斯金是一位“半路出家”的建筑师，他原为犹太裔波兰人，父母是二战期间纳粹德国大屠杀的幸存者。里伯斯金幼年时代学习手风琴，音乐天赋颇高，很快便成为演奏家，1953年曾在波兰电视台演出。1959年，当时年仅13岁的里伯斯金获得美国以色列文化基金会（America Israel Cultural Foundation）奖学金，跟随家人迁居以色列，以后又移民到纽约。里伯斯金在纽约读完中学后，进入大学先学习音乐，后来转到建筑系，毕业后，里伯斯金以柏林为基地，组建了自己的建筑设计所。1987年他获得第一项竞赛项目“柏林犹太博物馆的设计”，柏林犹太博物馆的建成令国际建筑界对他刮目相看，2003年里伯斯金获选为纽约世界贸易中心重建项目的总体规划建筑师，再次证明了他的实力。虽然里伯斯金并未奢谈“解构主义”，但是他的作品表达出与众不同的构思。

解构主义建筑展中的雷姆·库哈斯和蓝天组的作品看不出有什么高明之处。尤其是那位库哈斯，虽然曾经有些声望，但是2002年他在北京设计的中央电视台大楼并不成功，北京市民将其戏称为“大裤衩”。库哈斯设计的中央电视台大楼不仅造型不佳，造价也极高，从最初的50亿工程预算，一路攀升至近200亿，建筑物顶部的肆意出挑，造成建筑物的不平衡，为此要付出更多的代价，纯属浪费。许多著名建筑师在探讨建筑造型时常以自己的住宅做“试验”，例如弗兰克·盖里就曾经说过：“建筑师不能拿顾客的房子做试验，不能拿别人的钱冒险，所以我只能以我的住宅、我的钱和我的时间去做研究”。库哈斯恰好相反，他拿着中国人民的血汗钱去探讨“大都市高层建筑的造型”，令人气愤。[⑦] 如果多看一些资料，还会发现：央视大楼的造型似乎还有抄袭之嫌，早在1992年，埃森曼在柏林设计的麦克斯莱恩哈特大楼（Max Reinhardt Haus）方案与央视大楼有相似之处，但远比央视大楼造型美观、结构合理、实用经济。

1.1-1　雅克·德里达

⑤ Frank Gehry. The American Center in Paris [J]. Architectural Design: The New Modern Aesthetic, 1990: 74.

⑥ 哈迪德曾经说过：我的作品先是受早期俄罗斯先锋派影响；莫霍利·纳吉（moholy-nagy）的画，埃尔·利西茨基（el lissitzky）的“prouns”系列作品和naum gabo的雕塑，尤其是马列维奇（kasimir malevitch）的作品，作为现代先锋派在艺术与设计之间交汇的代表，他对我早期有着影响。引自：一场与扎哈的对谈(designboom微文)发布于2016-04-06.

⑦ 更有甚者，库哈斯本人曾公开讲过：央视大楼的寓意是向全体中国人，特别是向代表国家发声的媒体人开了一个大大的色情玩笑！因为两座大楼是男女性器官的象征！ 摘自：新央视大楼的寓意象征 2009-03-19 - 新浪博客。

认真分析一下在纽约现代艺术博物馆举办的“解构主义建筑展”和展出的7位建筑师的全部作品，就会发现“解构主义建筑展”是一种名不符实的宣传，“解构主义建筑学”是被“炒作”出来的、无中生有的理论。大部分建筑师的作品都是在构成主义影响下的产物，包括拉维莱特公园的点、线、面构思也是受构成主义理论家瓦西里·康定斯基著作《从点、线到平面》(Point and Line to Plane)的启示。所谓的“解构主义建筑造型”应当称之为“动态构成”(Dynamic-Construction)，“动态构成”是由构成主义延伸出来的一种具有动态造型的构思。

1.2 构成主义与动态构成

Constructivism and Dynamic-Construction

构成主义(Constructivism)是兴起于20世纪初期的俄国前卫艺术流派，构成主义作品通常是由一块块金属、玻璃、木块、纸板或塑料组构成的雕塑。构成主义强调的是空间中的动作(movement)，而不是传统雕塑着重作品的体积感，因此，具有一定的动态。构成主义接受了前卫艺术立体派的拼接和技法，由传统雕塑体积的加减，转变为构件的组合，同时也吸收了几何抽象理念，对现代雕塑有决定性影响。1913年，弗拉基米尔·塔特林(Vladimir Tatlin，1885–1953年)首先在莫斯科制作并展出了他的作品《悬挂的木与铁的形体》，同时杜撰了“构成主义”一词。塔特林曾在巴黎参观过巴勃罗·毕加索(Pablo Picasso，1881–1973年)的工作室，毕加索的立体主义(Cubism)思想和没有主题的艺术对塔特林很有启发。[8] 塔特林是俄罗斯构成派的中坚人物。他出身于工程技术家庭，曾经在莫斯科的绘画、建筑、雕刻学校(Moscow School of Painting，Sculpture and Architecture)学习一年，也曾当过水手，从1911年起他陆续在前卫艺术展览中展出作品，在苏联有很高的学术地位，尤其是他在1919主持设计的螺旋形《第三国际纪念碑》(Monument to the Third International)，高400m，由钢铁和玻璃建造，可以使巴黎的埃菲尔铁塔(Eiffel Tower)相形见绌，虽然《第三国际纪念碑》未能最终建成，但其设计方案及模型却给人留下了深刻印象，这座被西方艺术界称为《塔特林塔》(Tatlin's Tower)不仅在俄罗斯、在国际建筑界也是里程碑式的艺术作品。

20世纪初期的俄国前卫艺术流派有许多颇有才华的艺术家，例如马列维奇(Kazimir Severinovich Malevich 1878–1935年)、康定斯基(1866–1944年)、埃尔·里西茨基(El Lissitzky，1890–1941年)等。[9]

埃尔·里西茨基(El Lissitzky，1890–1941

⑧ 立体主义(Cubism)是西方现代艺术史的重要流派。立体主义的艺术家追求碎裂、解析、重新组合的艺术效果，以许多碎片形态展现描绘的对象物。立体主义艺术家在同一个画面中从多角度描绘对象物，表达对象物最为完整的形象，物体的各个角度交错叠放，背景与画面的主题交互穿插，使画面创造出具有二维空间的绘画特色。立体主义艺术家的主要代表人物是毕加索和布拉克等。毕加索是西班牙画家、雕塑家，法国共产党党员、西方现代艺术的创始人。毕加索是西方最有创造性和影响最深远的艺术家，20世纪最伟大的艺术天才。毕加索作品风格丰富多样，后人用“毕加索永远是年轻的”的说法形容毕加索多变的艺术形式，他的作品总计近37000件。《亚威农少女》是一幅具有里程碑意义的杰作，不仅标志着毕加索个人艺术历程中的重大转折，而且也是西方现代艺术史上的一次革命性突破，它引发了立体主义运动的诞生，画中5个裸女和一组静物，组成了富于形式意味的构图。

⑨ 康定斯基是俄罗斯人，曾在德国慕尼黑艺术学院就读，第一次世界大战期间返回俄国。俄国革命爆发后，康定斯基投身革命，由于苏联政权对前卫艺术的排斥，康定斯基转向德国谋求发展，1922年加入包豪斯，并一度兼任包豪斯的代理校长，康定斯基在包豪斯任教的时间较长，直到1934年包豪斯被查封。康定斯基在包豪斯讲授基础理论课和担任壁画作坊的大师，他首创了非写实的构图组合，他在1911年出版的《论艺术之精神》(Concerning the Spiritual in Art)被认为是抽象艺术理论的宣言，1926年出版的《点、线与面》(Point and Line to Plane)是在包豪斯的部分讲课内容。

年）是俄国构成主义的重要艺术家，他出生于俄罗斯帝国时代的斯摩棱斯克，居住在一个距城市50公里的小型犹太人社区中，他生活和学习的城市布斯克，现已成为白俄罗斯共和国的属地。里西茨基对绘画表现出兴趣和才华，1909年，他申请到圣彼得堡艺术学院学习，但遭到拒绝，根据沙皇政权的法律只允许有限数量的犹太学生到俄罗斯的大学学习，因此，他不得不赴德国学习，直到爆发第一次世界大战。1921年，里西茨基离开祖国，前往德国、荷兰与瑞士，在那里他遇到欧洲其他国家的现代主义者，构成主义的艺术思想由此在国外得到推广和传播，构成主义传给风格派（De Stijl）与包豪斯（Bauhaus），构成主义的探索开始被西方认知，并产生了巨大震动。1925年，里西斯基回到莫斯科开始从事教学工作，一直到1930年。

20世纪初期的建筑大师作品有不少是构成主义的作品，例如密斯·凡·德·罗（Mies van der Rohe）的乡村住宅概念性设计被称为新造型主义作品。弗兰克·劳埃德·赖特（Frank Lloyd Wright）设计的流水别墅（Fallingwater）和西塔里埃森（Taliesin West）均被称为有机建筑，纵横交错的水平挑台与高低不等的直立石墙与自然环境有机结合，造型完美，犹如抽象的立体雕塑，从建筑构图角度分析，应当是构成主义的作品。[10]勒柯布西耶（Le Corbusier）的设计风格多元化，他在苏黎世湖边设计的“勒柯布西耶中心”也被认为是构成主义的代表性作品。[11]

1955年，勒柯布西耶在他的专著《模度-2》的“思考”（Reflection）一章中发表了一幅由“zip-a-tone”形成的图像。[12]图像由一系列规律的黑点构成，勒柯布西耶把这个图像简化成几个错动、叠加的不规则的几何图形。对于这样的图像，勒柯布西耶表示他本人还不能从数学和几何图形学的角度进行解释，只是在观察这种现象，他还兴致勃勃地建议将这种印在透明纸上的图像重叠在另一张也印有图像的透明纸上，再轻轻地从左向右或从右向左转动，会出现令人激动的几何图案现象，栩栩如生而且不断变化。[13]从文章中可以看出勒柯布西耶对发现这种现象非常重视，勒柯布西耶在半个世纪前发现的这种现象正是21世纪初期国际建筑界流行的“动态构成”。虽然勒柯布西耶还没有把动态构成运用在建筑设计中，却在他的绘画中有所表现。勒柯布西耶的绘画风格在后期有明显变化，动态、重叠的构图取代了早期静态的、色彩柔和的作品，黑白线条与彩色图案交织，人物与静物并存，线条流畅、潇洒，表现方式更加写意与抽象，一种全新的绘画风格，与毕加索的作品不相上下。

1.2-1

1.2-2

1.2-1　巴勃罗·毕加索
1.2-2　弗拉基米尔·塔特林

⑩ 薛恩伦．弗兰克·劳埃德·赖特：现代建筑名作访评[M]．北京：中国建筑工业出版社，2011.
⑪ 薛恩伦．勒柯布西耶：现代建筑名作访评[M]．北京：中国建筑工业出版，2011.
⑫ “zip-a-tone”是一种产品，可提供评价音质的图像，当时的商业艺术家常常应用这种印在透明纸上的黑色线条图案作为装饰。
⑬ Le Corbusier. Modulor 2 [M]. London：Faber and Faber Limited，1955：148-150.

1.2-3	1.2-5
1.2-4	

1.2-3　毕加索 1910 年立体主义作品《拿着曼陀林的女孩》100.3cm × 73.6cm
1.2-4　毕加索立体主义作品《昂布鲁瓦・沃拉尔的肖像》
1.2-5 《亚威农少女》是毕加索的一幅具有里程碑意义的立体主义绘画杰作

1.2-6

1.2-7 1.2-8

1.2-6　毕加索立体主义作品《艺术家与他的模特》
1.2-7　马列维奇自画像
1.2-8　塔特林作品《绘画浮雕》

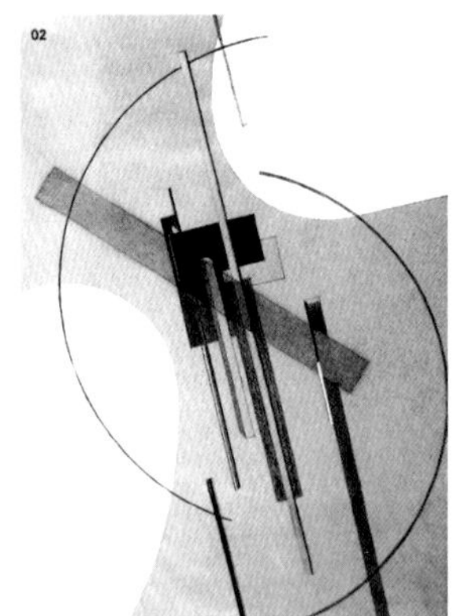

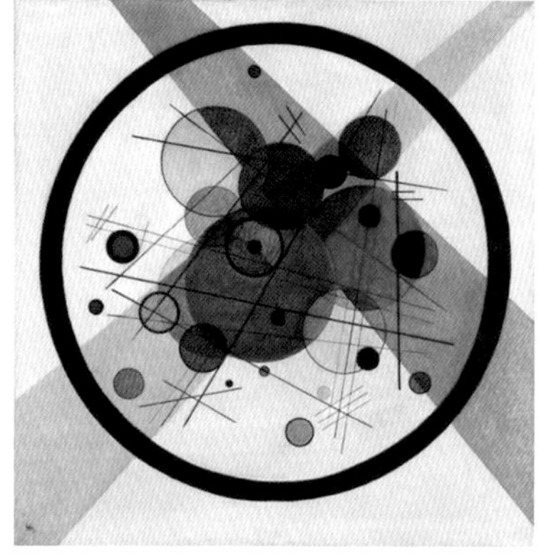

1.2-9 1.2-10 1.2-13
1.2-11 1.2-12

1.2-9 马列维奇作品《至上主义者组合》
1.2-10 埃尔·里西茨基作品
1.2-11 哈迪德喜欢的埃尔·里西茨基作品
1.2-12 康定斯基作品《圆中圆》
1.2-13 塔特林从 1919 年开始接受第三国际纪念塔创作任务，并设计了这个模型

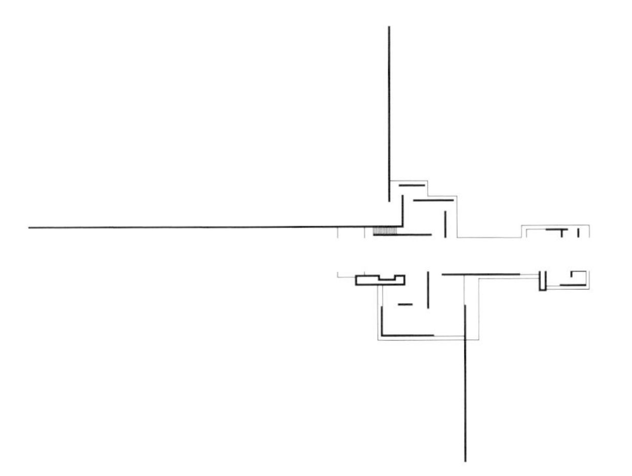

1.2-14	1.2-15
1.2-16	1.2-17

1.2-14　密斯・凡・德・罗设计的乡村住宅概念性设计平面
1.2-15　密斯・凡・德・罗的乡村住宅概念性设计透视
1.2-16　赖特设计的流水别墅透视
1.1-17　赖特设计的西塔里埃森透视

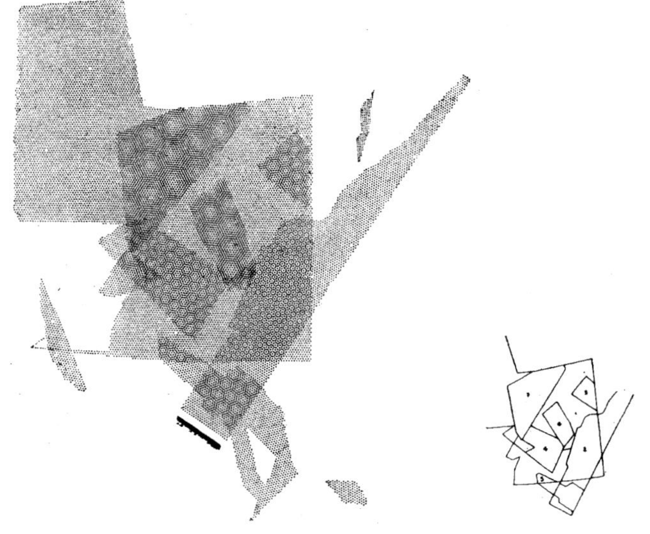

1.2-18 1.2-19

1.2-20

1.2-18 勒柯布西耶的构成主义作品－苏黎世湖边的勒柯布西耶中心
1.2-19 勒柯布西耶在《模度 -2》中发表了一幅由“zip-a-tone”形成的图像
1.2-20 巴黎国际大学城瑞士楼图书室内的大幅壁画是勒柯布西耶的“动态构成”作品

2. 拉维莱特公园与伯纳德· 屈米

Parc de la Villette and Bernard Tschumi

2.1 拉维莱特公园建造的背景

The Background of the Construction of Parc de la Villette

拉维莱特公园位于 19 世纪巴黎市区的东北角，该地区是当时经济上不怎么景气的蓝领地区。弗朗索瓦·密特朗（François Mitterrand）总统执政后，结合纪念法国大革命 200 年，提出振兴巴黎的 9 项大工程，其中 3 项在拉维莱特区，包括拉维莱特公园及其北、南两端的科技工业城（Cité des Sciences et de l'Industrie）与音乐城（Cité de la musique），三者形成一项集文化、娱乐、教育和休闲为一体的综合园区。1982 年举办了拉维莱特公园国际性的设计竞赛，这也是法国第一次为选择城市公园的设计方案而组织的国际性设计竞赛。设计纲要明确指出：要将拉维莱特公园建成一个属于 21 世纪的、具有深刻的思想内涵、广泛及多元文化的新型城市公园，它将在艺术表现形式上“无法归类”，并且由杰出的设计师们共同完成的作品。最终，伯纳德·屈米（Bernard Tschumi）的方案中奖了。[14]

拉维莱特公园规划范围为 $55hm^2$，公园内的绿地约 $35hm^2$，园区内有一条笔直的东西向水渠，将地段分为大体相等的两部分。场区南侧有一幢建于 1867 年的家畜肉类市场，长 241m、宽 56m、高 19m，是 19 世纪欧洲有代表性的建筑物，鼎盛时期曾有 3000 名工人，在其周围形成一个混乱不堪的聚居地。

场区北端的科技工业城在吉斯卡尔·德斯坦（Giscard d'Estaing）任总统期间改建为国家科技与工业博览馆，1980 年通过设计竞赛，阿德里安·凡西尔贝（Adrien Fainsiber）的方案中选，科技与工业博览馆是比较典型的高技派建筑风格，建筑物的体量很大，长 270m、宽 110m、高 47m，差不多是巴黎蓬皮杜国家艺术文化中心（Centre National d'art et de Culture Georges Pompidou）的 4 倍。[15] 科技与工业博览馆的主馆南侧还有一个不锈钢抛光的镜面、球形的大屏幕电影馆（La Géode），球形电影馆直径 36m、386 个座位，由于球形电影馆四周是水池，建筑物像是飘浮在水中，电影馆的入口在地下，有地下连廊穿越水池与主馆相连。

拉维莱特公园场区南端的音乐城被公园入口广场分割成两部分，西侧是国立音乐学院，平面布局比较规整。东侧是音乐教育研究所，包括 1200 座的大音乐厅和博物馆，设计中运用了隐喻与动态构成的手法，布局潇洒，构图新颖，色彩和谐。音乐城的设计者是法国著名建筑师克里斯蒂安·德·包赞巴克（Christian de Portzamparc），包赞巴克曾获 1994 年的普利茨克奖。

此外，场区内还建有一座 4000 座的帐篷顶的音乐厅，最初是临时性建筑物，现已成为永久性的流行音乐厅。场区内的绿地面积很大，比卢浮宫与协和广场之间的杜伊勒里公园（Jardin des Tuileries）大 1.5 倍。

拉维莱特公园设计方案是通过国际竞赛选出的，有 471 位来自 36 个国家的参赛者，1983 年 3 月选出伯纳德·屈米的设计方案，曾被误认为是解构主义建筑思潮的代表作。

---

⑭ 伯纳德·屈米，1944 年出生于瑞士洛桑。1969 年毕业于苏黎世联邦工科大学。1970–1980 年在伦敦 AA 建筑学院任教，1976 年在普林斯顿大学建筑城市研究所，1980–1983 年在柯柏联盟学院任教。1988–2003 年他一直担任纽约哥伦比亚大学建筑规划保护研究院的院长职务。他在纽约和巴黎都设有事务所，经常参加各国设计竞赛并多次获奖，其新鲜的设计理念给世界各地带来强大冲击。1983 年赢得的巴黎拉维莱特公园国际设计竞赛，是他最早实现的作品。自 20 世纪 70 年代起，屈米就声称建筑形式与发生在建筑中的事件没有固定的联系。2003“新雅典卫城博物馆”是屈米最新的作品之一，本书作者曾亲自拜访过这幢建筑物，实在不敢恭维，在此不做评论。

⑮ 乔治·蓬皮杜国家艺术文化中心（Centre National d'art et de Culture Georges Pompidou），是坐落于法国巴黎 Beaubourg 区的现代艺术博物馆，是 1969 年已故总统蓬皮杜决定兴建的，设计者是从 49 个国家的 681 个方案中的获胜者——意大利的伦佐·皮亚诺（Renzo Piano）和英国的理查德·罗杰斯（Richard George Rogers）。1972 年正式动工，1977 年建成，同年 2 月开馆。建筑物占地 $7500m^2$，建筑面积共 10 万 m^2，地上 6 层。蓬皮杜国家艺术文化中心是 20 世纪高技派风格建筑物的典型代表。

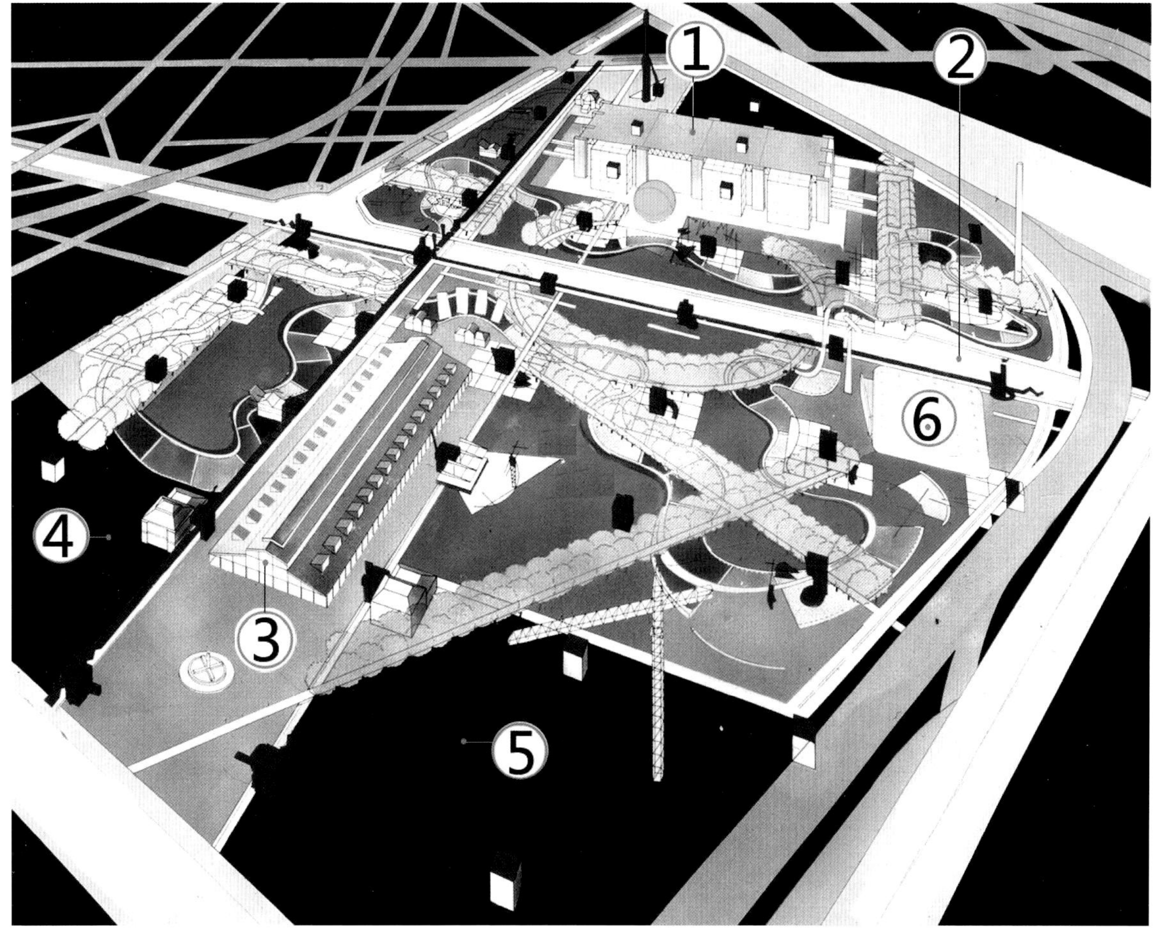

2.1–1	2.1–2
	2.1–3
	2.1–4

2.1–1 拉维莱特公园及其北、南两端的科技工业城与音乐城总体布局，重点显示红色“浮列”在总体布局中的作用

1- 科技与工业博览馆与球形电影馆；2- 园区内的东西向水渠；

3- 建于 1867 年的家畜肉类市场；4- 拟建国立音乐学院；

5- 拟建音乐教育研究所；6- 帐篷顶的音乐厅

2.1–2 远望科技与工业博览馆与球形电影馆

2.1–3 以科技与工业博览馆为背景的球形电影馆

2.1–4 场区南侧建于 1867 年的家畜肉类市场

2.1-5	2.1-6	2.1-7
2.1-8	2.1-9	

2.1-5　园区内有一条笔直的东西向水渠
2.1-6　音乐城西侧的音乐学院面向公园的透视
2.1-7　音乐学院的小音乐厅
2.1-8　国立音乐学院内院
2.1-9　音乐城西侧的国立音乐学院沿街透视

2.1-10 2.1-12 2.1-11

2.1-10　音乐城东侧的音乐教育研究所在公园内的主入口
2.1-11　音乐城东侧的音乐教育研究所沿街入口
2.1-12　音乐教育研究所大音乐厅的休息厅

2.2 拉维莱特公园的设计构思
The Design Concept of the Parc de la Villette

传统公园的概念是尽量与喧嚣的城市隔离，创造宁静的世外桃源环境。屈米认为：21 世纪的城市公园应当是开放型的，公园是城市的一部分，吸引不同年龄、不同阶层的人来此活动。公园不仅是休闲场所，也是文化、教育、娱乐和人际交往的场所，使公园突破传统的模式，成为一种新型的城市空间。

在解构主义哲学观点的支持下，屈米一反 20 世纪 70 年代以来盛行的类型学、生态学和文脉主义的观点，认为那些观点是怀旧、保守的思想，脱离今天的社会、政治与文化需要。屈米将拉维莱特公园设计成无中心、无边界的开放型公园，建筑艺术也不依赖传统的构图规律，而是以点、线、面三套各自独立体系并列、交叉、重叠，相互之间又互不干扰，创造一种动态的构图模式。屈米在他的著作《建筑概念：红不只是一种颜色》（Architecture Concepts：Red is not a Color）中谈到点、线、面的构思是受瓦西里·康定斯基（Wassily Kandinsky，1866–1944 年）1926 年的著作《从点、线到平面》（Point and Line to Plane）的启示。[16]

点的体系是以一种名为“浮列”（folies）的红色构筑物组成，26 个“浮列”按 X、Y 坐标排列成矩阵，间距 120m，形成规则的方格网，“浮列”出现在 120m × 120m 方格网的交点上。这种方格网北侧延伸至科技与工业博览馆，南侧延伸入音乐城。“浮列”的大小不等，最初设想平均体量为 10m^3，实际上功能不一、大小不等，大多数成为红色的构架，或称高技派的雕塑，有些“浮列”作为信息中心、小卖饮食、咖啡吧、手工艺室、医务室之用。[17] 红色“点”的体系成为一种强烈的、容易识别的符号，观众可以根据自己的理解去认知，由“点”形成的坐标网便于游人为自己定位。

线的体系包括直线和曲线两种，线性体系构成了全园的交通骨架。总平面布局中有两条互相垂直的直线，其中一条是横贯东西的、场地上原有的水渠、乌尔克运河（Ourcq Canal）的一部分；另一条是屈米增加的南北向的走廊，走廊的两端靠近巴黎的地铁站，走廊的造型是高技派的，走廊的顶部是波浪式的，似乎也可以理解为垂直方向的“曲线”，长廊波浪形的顶篷使空间富有动感。长达 2km 的流线型园区小路蜿蜒于拉维莱特公园中。园区小路的边缘设有坐凳、照明设施，两侧伴有 10 ~ 30m 宽度不等的种植带，公园中的步行小路是精心规划的曲线，小路把园区景点串联起来。

面的体系是由 10 处主题景区（ten themed gardens）和形状不规则、耐践踏的草坪组成的外部空间，满足游人自由活动需要。园区流线型小路串联起来的主题景区和多种风格的外部空间如集会、运动和游乐等景区达到 16 处。10 处主题景区风格各异，充分地体现了拉维莱特公园的多样性。主题景区包括：镜园、恐怖童话园、风园、竹园、沙丘园、空中杂技园、龙园、藤架园、水园和少年园等。[18] 其中的沙丘园、空中杂技园和龙园等 3 个景区是专门为孩子们设计的。“龙园”是以一条巨龙为造型的滑梯吸引着儿童及成年人。“镜园”是在欧洲赤松和枫树林中竖立着 20 块整体石碑，石碑外贴有镜面，镜子内外景色相映成趣，使人难辨真假。“水园”着重表现水的物理特性，水的雾化景观与电脑控制的水帘、跌水或滴水景观，均经过精心安排，富有观赏性，夏季还有儿童们喜爱的小涌池。下沉式的“竹园”可形成良好的小气候，由 30 多种竹子构成的竹林景观是巴黎市民难得一见的“异国情调”。“恐怖童话园”是以音乐来唤起人们从童话中获得的人生第一次“恐怖”经历。“少年园”以一系列非常雕塑化的游戏设施来吸引少年们，架设在运河上的“独木桥”让少年们体会走钢丝的感觉。其中“镜园”“恐怖童话园”“少年园”和“龙园”是由屈米亲自设计的。协助屈米参加竞赛并完成全部工程的另一位建筑师是柯林·福聂尔（Colin Fournier）。[19]

---

⑯ Bernard Tschumi. Architecture concepts : red is not a color[M]. New York : Rizzoli, 2012: 119.

⑰ folies 在法语中意为狂热或隐藏在茂叶下的小构筑物，folly 在英语中的含意为具有幻想趣味的楼阁，屈米选用“浮列”有一语双关的意图，不宜译为“疯狂物”。本书译为“浮列”。

⑱ 沙丘园把孩子按年龄分成了两组，稍微大点的孩子可以在波浪形的塑胶场地上玩滑轮、爬坡等，波浪形塑胶场地的侧面有攀爬架、滚筒等，在有些地方还设置了望远镜、高度各异的坐凳等游玩设施。小些的孩子在另一个区域由家长陪同，可以在沙坑上、大气垫床上玩，还可以在边上的组合器械上玩耍。

⑲ 柯林·福聂尔也是英国著名建筑师彼得·库克（Peter Cook）的合作者，同时也是伦敦巴特利特建筑学院（Bartlett School of Architecture，UCL，University College London）的建筑学和城市规划教授。

此外，拉维莱特公园突破了传统城市园林的局限，力求创造一种公园与城市完全融合的效果，改变园林和城市分离的传统，将拉维莱特公园设计成了无中心无边界的开放性公园，没有围栏也没有树篱的遮挡，公园完全融合到了周边的城市景观中，成为城市的一部分。2008 年本书作者在龙园也看到围栏，不知是为了维护、收费，还是为了限制人流，似乎公园与城市完全融合的效果很难做到。

关于拉维莱特公园的规划，红色的“浮列”处理是人们争议的焦点。从 1994–2008 年，我曾先后 5 次访问这座公园，1994 年第一次访问拉维莱特公园时，公园内还很空旷，仅仅建造了少数几个“浮列”，不少年轻人在大片绿地上踢足球，音乐城也还没有建成，看不出什么眉目。此后，公园逐步增建项目，内容日益丰富，红色的“浮列”把公园统一为整体，因为场区内南、北的科技与工业博览馆与音乐城风格很不统一，如果拉维莱特公园再另搞一套就使场区内成为 3 个各自独立的园区，“浮列”的出现加强了 3 个区域的整体感。现在可以看到音乐城的入口也有“浮列”，工业城也有“浮列”，甚至在球形电影馆镜面球体上还可以看到“浮列”折射出的影像，拉维莱特公园的规划客观上满足了传统美学中的“统一律”。拉维莱特公园虽然内容和设计手法很复杂，但是，流动的运河与顶篷波浪形的长廊互相垂直，成为公园空间动态构图的控制线。尽管构思新颖，设计手法仍然是建筑学传统手法的延续。“点”的构思有些突破，“面”的构思似乎老生常谈，“主题景区”在中国已司空见惯。由于“点”和“面”的内容不断增加，2008 年，我最后一次看到的拉维莱特公园，已觉得有些拥挤，最近看到的评论说拉维莱特公园有些像游乐园，并不觉得突然。

屈米曾经邀请雅克·德里达和彼得·埃森曼参加设计局部景区，但未能实现，[20] 似乎德里达对拉维莱特公园的设计并没有直接影响。

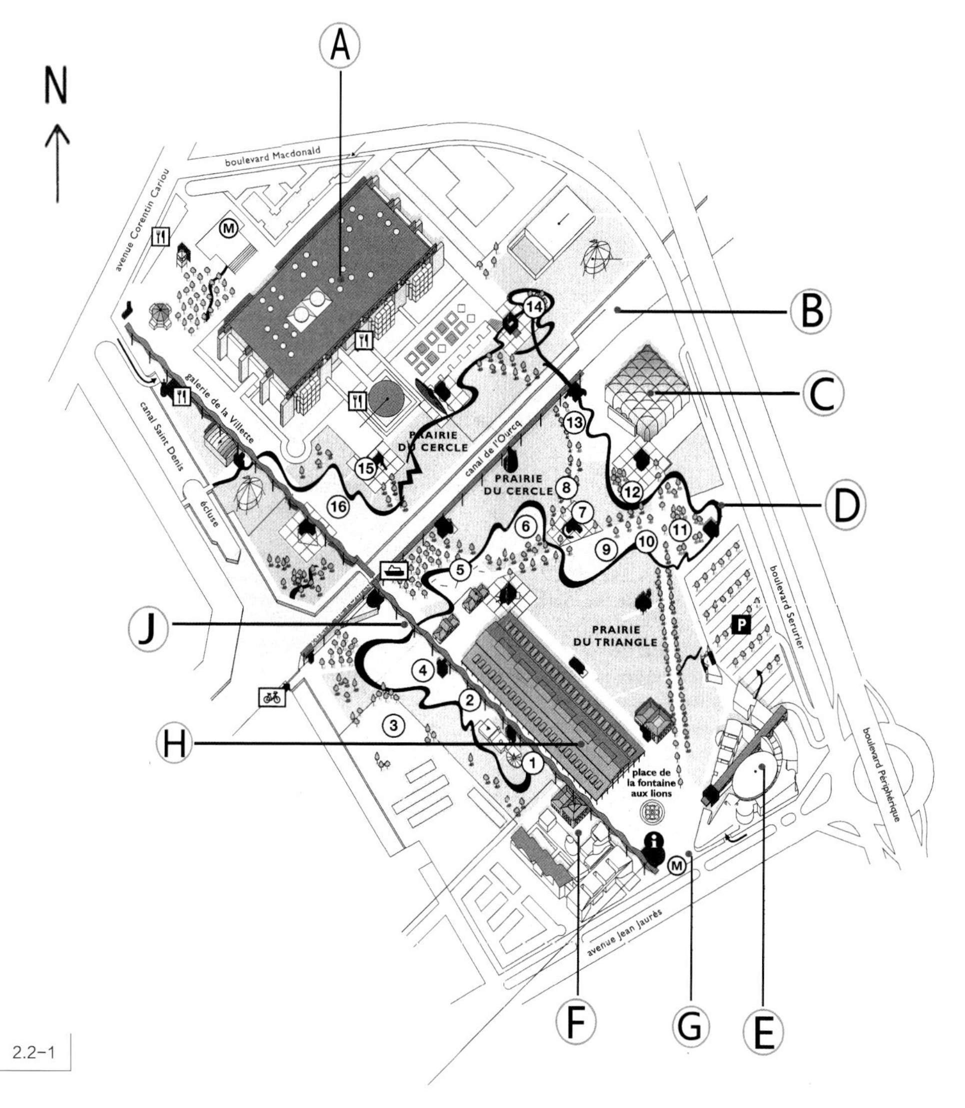

2.2-1　拉维莱特公园及其北、南两端的科技工业城与音乐城总面，重点展示流线型园区小路串联公园各景区
A- 科技与工业博览馆与球形电影馆；B- 园区内的东西向水渠；
C- 帐篷顶的音乐厅；D- 长达 2km 的流线型园区小路蜿蜒于拉维莱特公园中；
E- 音乐教育研究所；F- 国立音乐学院；
G- 拉维莱特公园入口；H- 建于 1867 年的家畜肉类市场现在用于各种形式的公共活动；
J- 顶部是波浪式的南北向走廊；M- 地铁站
①-⑯ 为小景点，故未加图注。

⑳ Bernard Tschumi. Architecture concepts：red is not a color[M]. New York：Rizzoli，2012：137.

2.2-2

2.2-3

2.2-2 顶部波浪形走廊与红色“浮列”的组合
2.2-3 屈米增加的南北向顶部波浪式走廊

2.2-4	2.2-5
2.2-6	2.2-7

2.2-4　红色“浮列”快餐店
2.2-5　红色“浮列”休息亭
2.2-6　连接国立音乐学院的红色“浮列”
2.2-7　水渠旁的红色“浮列”可以登船

2.2-8	2.2-9	2.2-10
2.2-11	2.2-12	2.2-13
2.2-14	2.2-15	

2.2-8 “龙园”的巨龙造型滑梯
2.2-9 “龙园”滑梯
2.2-10 “龙园”被围起来了
2.2-11 “镜园”是在赤松和枫树林中竖立着 20 块整体石碑，石碑外贴有镜面
2.2-12 葡萄园
2.2-13 下沉式的“竹园”
2.2-14 耐践踏的草坪
2.2-15 座椅也是抽象雕塑

3. 彼得·埃森曼：建筑师中的哲学家

Peter Eisenman: the Philosopher with in Architects

3.1 彼得·埃森曼的哲学思维在其作品中的表现
The Philosophical Concept of Peter Eisenman in his Works

彼得·埃森曼1932年出生于美国新泽西州的纽瓦克市（Newark，New Jersey），在康奈尔大学获建筑学学士学位，在哥伦比亚大学获建筑学硕士学位，在剑桥大学获博士学位。曾先后在剑桥大学、普林斯顿大学、耶鲁大学、哈佛大学等校任教，并主编“反对派”（Oppositions）杂志，1980年自行开业。埃森曼在20世纪70年代曾被称为“纽约五”（New York Five）之一，他们在纽约创建《建筑与城市研究所》（Institute for Architecture and Urban Studies），埃森曼任所长至1982年，他们的作品被称为新柯布哲学（neo-Corbusian philosophy），该研究所于1984年关闭。[21]

埃森曼自20世纪60年代后期开始执着地研究住宅设计，他探讨的不是住宅的全面问题，而是通过住宅设计探讨建筑艺术规律，在将近十年的时间内，埃森曼设计了10幢不同类型的住宅，从1号住宅至10号住宅，虽然每幢住宅都是客户委托设计的项目，但是埃森曼将它纳入了自己的研究课题。1号住宅与2号住宅的结构体系较为规整，3号住宅是在规整的柱网中插入了一套扭转45度的轴网，2号住宅建成后开始引起国际建筑界的关注。埃森曼在住宅研究中把结构体系中的柱、墙和空间视为抽象的点、线和容量三种元素，通过错动、张拉、压缩、离心等手段，探讨三种元素的相互关系。埃森曼在20世纪80年代后期接受采访时回顾了这段时期的设计思想，他认为自己设计1号住宅至3号住宅时的设计思想是受朱塞佩·特拉尼（Giuseppe Terragni，1904-1943年）和勒柯布西耶（Le Corbusier，1887–1965年）的影响。[22]此后，在结构主义（Structuralism）哲学思维的影响下，埃森曼探讨建筑的“深层结构”（deep structure），以及“深层结构”与“表层结构”（surface structure）之间的相互关系。埃森曼所谓的“深层结构”是指建筑内在的设计规律，“表层结构”则是建筑的形式。[23]埃森曼所谓的“深层结构”应当是“构图规律”，或称构成主义的构图规律。

埃森曼设计的10幢住宅中最有争议的是6号住宅，6号住宅是1975年建成的，是一位摄影艺术家的周末别墅，别墅的环境优美，住宅建筑面积为2000平方英尺（约186m^2），木结构体系。争议的焦点是住宅的功能问题，例如主人卧室中间有一条用玻璃覆盖的缝隙，而迫使夫妇的床必须分开，又如餐厅中的立柱恰好在餐桌旁，影响到餐桌四周椅子的布置等等，造成这些使用不便的主要原因是埃森曼在设计中插入了两个互相垂直的“元素”，探讨插入元素影响下的设计规律。当有人向他质疑：6号住宅是否“违反功能”（anti-functional），埃森曼的解释是他从来不违反功能，他仅仅是不把功能作为主题（I was about not making function thematic），埃森曼认为住宅能遮蔽风雨、在其中睡觉就可以了，人们对住宅有不同的态度。[24]具有讽刺意义的是6号住宅的主人对该设计基本满意，但同时又说：如果埃森曼能给他的住宅再增添15%的实用性，那么6号住宅将是轰动一时的建筑物。即便如此，6号住宅还是获得1974年美国建筑师学会（AIA）住宅设计奖。

1981年，埃森曼在柏林设计了一幢IBA社会公寓（Social Housing），这幢社会公寓位于当时的东、西德交界处，属西柏林管辖，靠近“柏林墙”的检查哨（Checkpoint Charlie）。[25]IBM社会公寓是为低收入人群设计的，地段在一个街区的西南转角，建筑面积为约4645m^2，共有37套公寓。埃森曼为了追寻城市的历史文脉，将框架结构的柱网与18世纪柏林的街区保持一致，然后将首层的建筑外墙沿着19世纪柏林街区的基础砌筑并与四周建筑呼应，建筑上部各层的建筑布局仍然遵

---

[21] “纽约五”包括：彼得·埃森曼、弗兰克·盖里、迈克·格雷夫斯（Michael Graves）、查理·格瓦思米（Charles Gwathmey）和约翰·海杜克（John Quentin Heiduk），海杜克和格瓦思米已于2000年和2009年先后去世。“纽约五”的另一种提法是由于纽约现代艺术博物馆（MoMA）出版了一本《五位建筑师》（Five Architects），五位建筑师中没有弗兰克·盖里和海杜克，但是增加了理查德·迈耶（Richard Meier）和德州游侠（Texas Rangers）、一个来自德克萨斯建筑学院（Texas School of Architecture）建筑集体的名称。因此，“纽约五”的提法经常被混淆，似乎前者的提法更为确切。

[22] 朱塞佩·特拉尼是意大利现代主义运动先驱、理性主义的代表人物，他的建筑设计将理性主义与构成主义、未来主义相融合。

[23] 结构主义是20世纪后期用来分析语言、文化与社会的研究方法之一。结构主义的出现，帮助人们从混乱的表象中，揭露隐藏其中的完整结构。结构主义并非是一种界定非常清楚的流派，瑞士语言学家弗迪南·德·索绪尔（Ferdinand de Saussure，1857–1913年）通常被认为是结构主义的主要创始人。

[24] Charles Jencks. Peter Eisenman：An Architectural Design Interview by Charles Jencks[J]. London：Architectural Design，Deconstruction，1988，3/4，Vol.58：50.

[25] 第二次世界大战后德国和柏林被苏联、美国、英国和法国分成4个占领区。1949年，苏联占领区包括东柏林在内成立德意志民主共和国（简称东德），首都定在东柏林，而美英法占领区则成立德意志联邦共和国（简称西德）。柏林虽然在当时的东德管辖区内，却也被再划分为东、西两区，1961年又建造了著名的“柏林墙”分割。柏林墙长约155km、高约3m至4m。1989年11月9日，屹立了28年的柏林墙被推倒，1990年两德重归统一。

循结构系体，仅局部出挑，形成建筑体型的扭转。为了探讨集体的记忆（collective memories），埃森曼在外立面上增加了红、白两色互相错动的装饰性构架，并以灰色为衬底，构架的位置距地面3.3m，而3.3m恰好是“柏林墙”的平均高度。[26] 在IBA社会公寓设计中，埃森曼以“错位”（Dislocation）的设计手法进行多层次的隐喻，标志着埃森曼设计构思的进一步发展。2008年我访问日本时，在东京看到一幢埃森曼设计的小泉桑育办公楼（Koizumi Sangyo Office Building），楼顶上墙面的处理与柏林IBA社会公寓设计相似，埃森曼的构思是“异位”（atopia）。似乎埃森曼已把这种手法作为一种符号，进行多层次的隐喻，因为东京常发生地震，这种形象有些像地震后的样子。

1983年，埃森曼为俄亥俄州立大学设计了韦克斯纳艺术中心（Wexner Center for Arts），也是他首次设计大型公共建筑。韦克斯纳艺术中心的场址选择和建筑体型处理都显示了埃森曼独特的见解，此外，埃森曼在设计中也进一步发挥了隐喻的设计构思。1987年，埃森曼在辛辛那提大学主持设计了阿伦诺夫设计与艺术中心（Aronoff Center for Design and Art），这是埃森曼在20世纪80年代设计的另一项大型公共建筑，艺术中心是辛辛那提大学的设计、建筑、艺术与规划学院（College of Design，Architecture，Art and Planning）的一部分，简称DAAP。阿伦诺夫设计与艺术中心将3幢已经建成的建筑物组织在一起，形成一组面目一新的综合体，埃森曼在设计中发挥了自己多方面的才能。

埃森曼在20世纪后期设计的最大的公共建筑是俄亥俄州的大哥伦布会议中心（Greater Columbus Convention Center），总建筑面积约49237m^2，体形简洁，功能灵活，内部空间很大，也非常丰富。

1999年埃森曼在一次国际设计竞赛中获胜，取得西班牙西海岸圣地亚哥-德孔波斯特拉（Santiago de Compostela）的加利西亚文化城（City of Culture of Galicia）的设计权。埃森曼之所以能够打动评审团，重要原因之一是其设计灵感源于圣地亚哥市的历史文化标志之一——圣地亚哥朝圣路。这条举世闻名的苦行朝圣之路被联合国教科文组织列为世界文化遗产，并被评为第一条“欧洲文化旅行路线”。埃森曼希望将文化城与老城区的地貌进行完美的融合，使整个文化城的建筑群结合山地地势变化，“像影子一样”覆盖在山腰之上。加利西亚文化城是一项大型公共建筑群，包括博物馆、图书馆和歌剧院等内容，总建筑面积达70000m^2，目前，文化城的诸多设施中，只有图书馆和档案馆已基本完工。这项跨世纪的建设项目至今耗资3亿多欧元，用时近10年建造的西班牙加利西亚文化城最近陷入了争议之中。已经完工的一些建筑物被当地人认为：“过于富有现代感，与当地环境格格不入”、那些建筑物看起来太‘美国’了，完全没有西班牙的特色，这些成为众多争议的导火索。此外，据说在施工过程中，设计师的原方案常常会被修改，有时候甚至被改得面目全非，得到执行的原始设计可能连10%都不到。

2004年建成的欧洲被害犹太人纪念碑（Denkmal für die ermordeten Juden Europas）或称大屠杀纪念碑，是埃森曼21世纪最重要的作品。纪念碑位于柏林的勃兰登堡门（Brandenburg Gate）南侧，纪念第二次世界大战中受害的欧洲犹太人，纪念碑占地19000m^2，安放了2711块混凝土制作的墓碑，墓碑高长2.38m、宽0.95m，高度从0.2m ~ 4.8m不等。纪念碑按照网格排列，顶部高低起伏，埃森曼的设计意图是使整组的墓碑产生一种心神不安、缠扰不清的气氛，显示原有的秩序因人为因素而远离人类。埃森曼在欧洲被害犹太人纪念碑的设计中没有引用前卫派的象征手段，采用了极为传统的墓碑形式来纪念亡人，纪念碑的地下是纪念馆或资料室，列出所有已知受害犹太人的名字。纪念碑于2003年4月1日动工兴建，2004年12月15日完成，2005年5月10日揭幕，同年5月12日对外开放。

埃森曼在剑桥大学攻读博士学位期间，阅读过大量哲学书籍，他在设计中经常运用哲学思维分析问题。20世纪80年代，他结识了法国哲学家雅克·德里达，并且对德里达的解构主义很感兴趣，但是，不能把埃森曼的作品称为“解构主义建筑”。纵观埃森曼的全部作品，前期受构成主义哲学的影响，探讨建筑设计深层结构规律，后期较多重视“隐喻和环境”（Metaphor and Context），“隐喻”被认为是“后现代建筑思潮”。我曾在《后现代主义20讲》中介绍过1988年埃森曼接受第一位将“后现代主义”引入建筑设计领域的英国建筑评论家查理·詹克斯（Charles Jencks）采访时的谈话，埃森曼认为：解构主义是一种意识形态、哲学思想与建筑风格无关。埃森曼还认为自己的构思属于“后现代主义”，他认为“后现代主义”也是一种意识形态，不是一种建筑风格。[27]

㉖ Susan Doubilet. Social Housing，West Berlin[J]. Progressive Architecture，1987，03：84-86.

㉗ 许力主编，薛恩伦，李道增等著．后现代主义20讲[M]．上海：上海社会科学院出版社，2005：126-127.

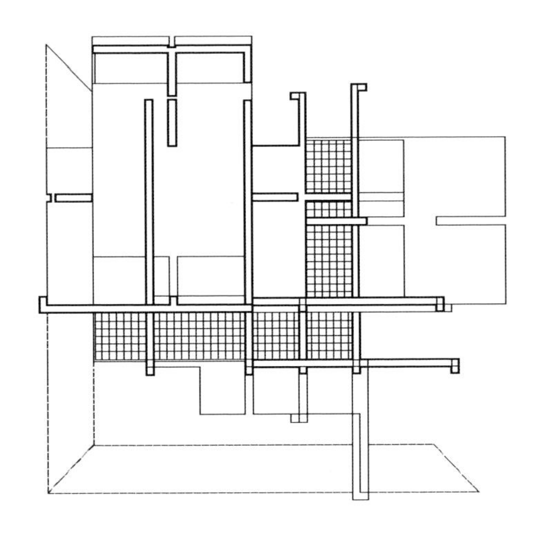

A

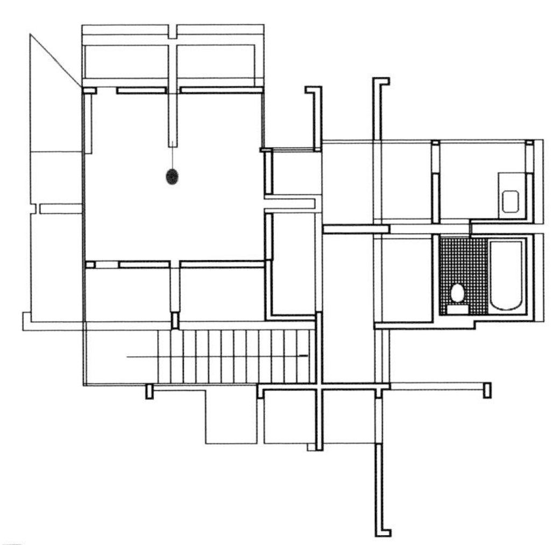

B

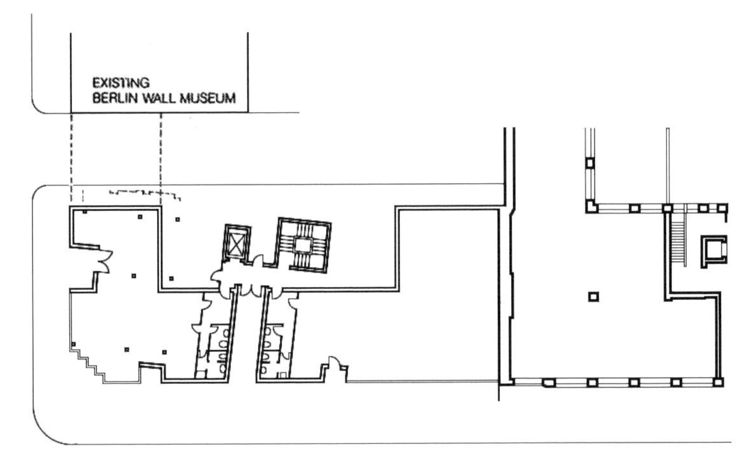

A

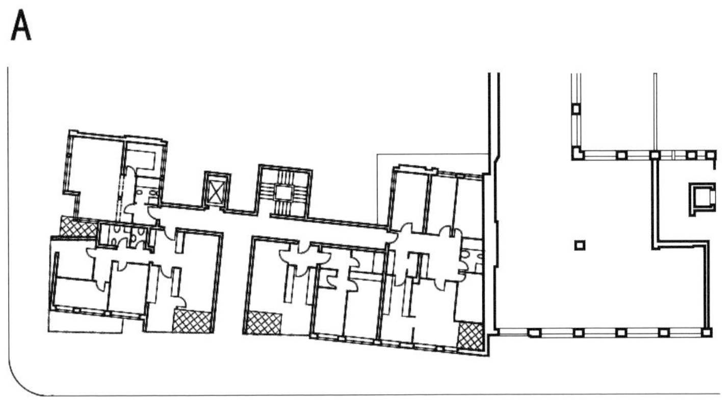

B

3.1–1　6 号住宅平面
A-6 号住宅屋顶平面；
B-6 号住宅二层平面
3.1–2　6 号住宅透视
3.1–3　柏林 IBA 社会公寓平面
A- 首层平面；B- 典型平面
3.1–4　柏林 IBA 社会公寓透视两色互相错动的装饰性构架隐喻历史上东西柏林的“错位”

3.1–1	3.1–2
3.1–3	3.1–4

3.1-5	3.1-6	3.1-7	3.1-8
3.1-9	3.1-11		
3.1-10			

3.1-5　仰视柏林 IBA 公寓转角
3.1-6　东京小泉桑育办公楼顶部外装修隐喻地震
3.1-7　东京小泉桑育办公楼室内装修
3.1-8　远观犹太人纪念碑
3.1-9　犹太人纪念碑内部空间
3.1-10　俯视犹太人纪念碑顶部
3.1-11　犹太人纪念碑内部透视

3.1-12 埃森曼 1992 年设计的麦克斯莱恩哈特大楼模型
3.1-13 加利西亚文化城的建筑群结合山地地势变化
3.1-14 加利西亚文化城的博物馆

3.2 韦克斯纳艺术中心

Wexner Center for the Arts，Columbus，Ohio，USA

俄亥俄州立大学位于俄亥俄州的哥伦布市，俄亥俄州立大学韦克斯纳艺术中心的设计始于1983年，1989年11月建成。设计初期，校方曾邀请过5个设计单位参加投标，包括迈克・格雷夫斯（Michael Graves）、西萨・佩里（César Pelli）等著名建筑师，埃森曼的中标出人意料，建成后轰动一时。该项工程于1993年获美国建筑师学会(AIA)国家荣誉奖（National Honor Award）。

韦克斯纳艺术中心建筑面积约13000m^2，内容包括展厅、电影厅、咖啡厅、音像车间、艺术书刊和艺术品商店及后增加的图书馆等，建筑面积虽然不大，但功能较为复杂。校方规定艺术中心的场地应靠近俄亥俄州立大学校园东入口，并且给予场地有多种选择的可能性。其他建筑师都选择了较为空旷的场地进行设计，唯独埃森曼选择了将艺术中心插入在已建成的韦格尔报告厅（Weigel Hall）和2400座的默森报告厅（Merson Auditorium）之间，似乎有些故意“自找麻烦”。埃森曼选择的艺术中心场地在19世纪曾经建造过一幢红砖砌筑的军械库，1958年毁于大火，或许是这个特殊的因素使埃森曼对这块地段情有独钟，四周的建筑物虽然会带来一些“麻烦”，但是特定的文脉会促使建筑师产生新奇的“灵感”，这也正是埃森曼高明之处。

埃森曼在韦克斯纳艺术中心设计中，将1897年建造的军械库的形象改建成一个“红塔楼”，作为艺术中心的入口，体现中心与历史文脉的联系，同时运用断裂（slit）、错位（dislocation）等前卫派构图手法，使“红塔楼”形成全新的艺术形象。埃森曼注意到校园道路的轴网与城市道路的轴网并不一致，校园轴网扭转了12.26度，因此，在设计韦克斯纳艺术中心时也布置了两套轴网，兼顾了城市文脉与校园肌理。主轴网与城市道路一致，辅助轴网与校园的肌理一致，并且设计了一套白色金属构架（scaffolding），加强了建筑主轴网的导向性，埃森曼使白色构架的两端永远不要完全结束（never quite “finished”），经常准备拥抱创造性的艺术。[28]韦克斯纳艺术中心的大部分建筑物建在半地下或地下，使韦格尔报告厅和白色构架更加突出，半地下建筑物的部分屋顶做成高低错落的平台或花坛，别具一格。韦克斯纳艺术中心设计成功之处还在于将场地上原有的两个报告厅有机地组合在一起，淡化了两个造型平淡的报告厅，丰富了校园的景观。俄亥俄州立大学校园入口沿着哥伦布市的高街（High Street），高街是15世纪保留下来的城市主干道。韦克斯纳艺术中心与校园入口之间有一个小广场，埃森曼将广场的铺地与绿化也纳入艺术中心设计范畴，广场铺地与绿化也有两套轴网，成为艺术中心空间的延伸。建成后的韦克斯纳艺术中心不仅是俄亥俄州立大学最重要的景点，也是进入校园后看到的第一个景点。埃森曼在艺术中心的室内设计中还特意搞了些小趣味，例如门厅中有一根立柱悬吊在空中，作为装饰，但似乎多此一举。

韦克斯纳艺术中心建成初期争议很大。1998年我第一次访问这幢建筑物时还特意询问了几位工作人员的意见，他们都说非常喜欢这幢建筑物，使用中未发现功能上的问题。实际上，韦克斯纳艺术中心还是存在功能上的缺陷，后来增加的图书馆被布置在场地东北角的地下，完全没有天然采光，显然是埃森曼不想改变他既定的设计方案，目前地下图书馆的上面是花坛，其实，地下图书馆完全可以采用侧高窗或顶部采光，并不会破坏埃森曼原有方案的构思。现代建筑先驱们设计的图书馆有不少优秀的先例，尤其是阿尔瓦・阿尔托（Alvar Aalto）还特别强调图书馆要采用顶光，而且是采用照度均匀的漫射光，埃森曼未能很好地解决图书馆采光，有些遗憾。

---

[28] Karla Rothan. Wexner Center for the Arts: Architecture Guide. Information Services of Wexner Center for the Arts.

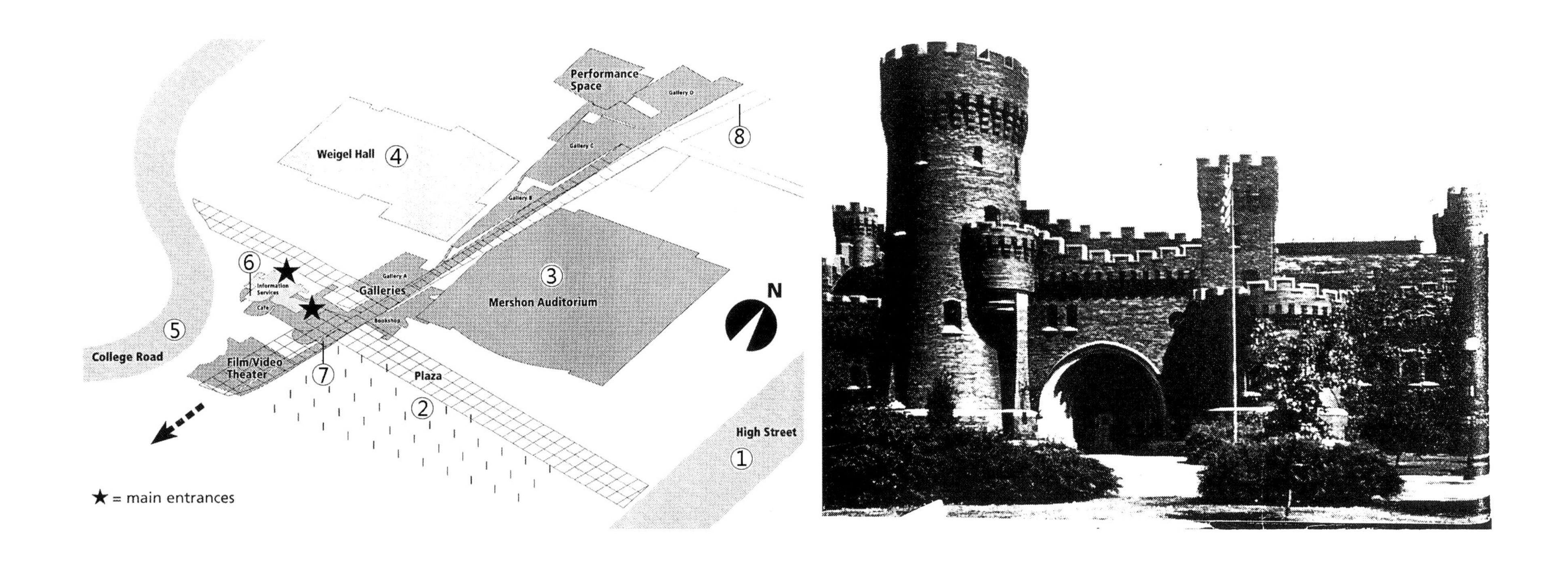

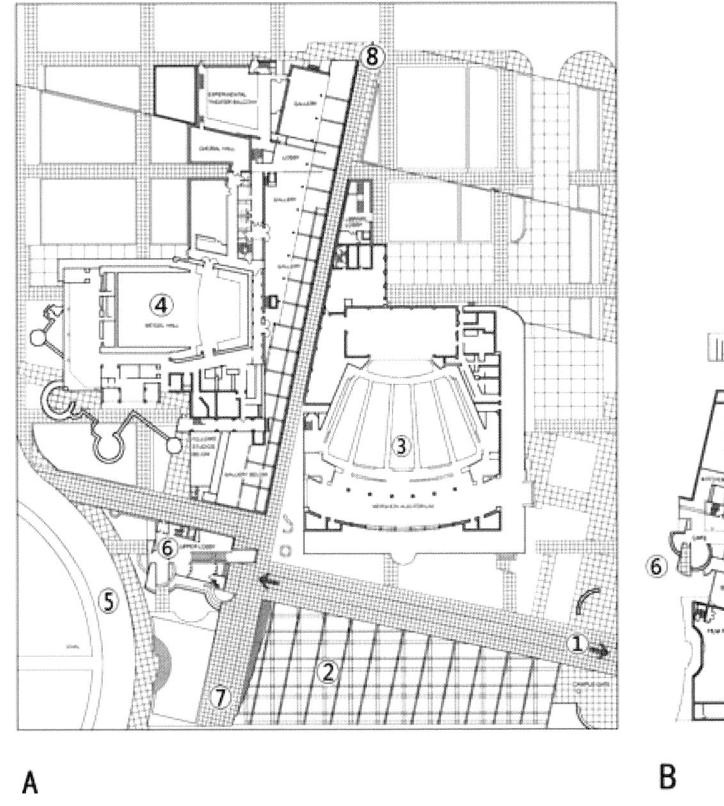

A

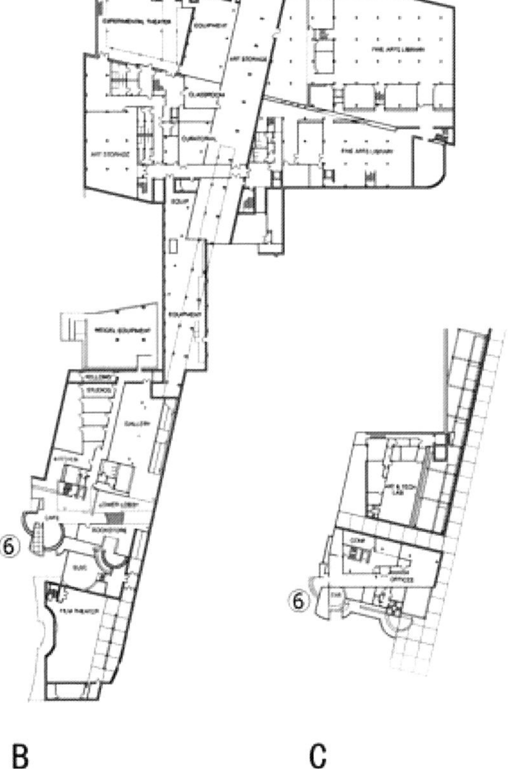

B

C

3.2–1 3.2–2

3.2–3

3.2–1 韦克斯纳艺术中心选址构思

1- 高街；2- 广场；3- 默森报告厅；4- 韦格尔报告厅；
5- 校内道路；6- 隐喻军械库的“红塔楼”；
7- 白色构架南端；8- 白色构架北端

3.2–2 韦克斯纳艺术中心场地在 19 世纪曾经建造过一幢红砖砌筑的军械库

3.2–3 韦克斯纳艺术中心平面

A- 韦克斯纳艺术中心首层平面；B- 韦克斯纳艺术中心半地下层平面；C- 韦克斯纳艺术中心二层平面
1- 高街；2- 广场；3- 默森报告厅；4- 韦格尔报告厅；5- 校内道路；6- 隐喻军械库的“红塔楼”；7- 白色构架南端；8- 白色构架北端

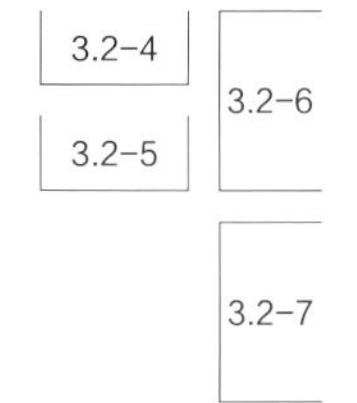

3.2-4　韦克斯纳艺术中心与校园入口之间小广场铺地与绿化
3.2-5　从西侧望韦克斯纳艺术中心
3.2-6　从校园入口广场望韦克斯纳艺术中心
3.2-7　白色构架南端入口

3.2-8 | 3.2-9 / 3.2-10 / 3.2-11

3.2-8　韦格尔报告厅和默森报告厅之间的白色构架
3.2-9　仰视俄亥俄视觉艺术中心白色构架
3.2-10　从默森报告厅南侧望白色构架
3.2-11　韦克斯纳艺术中心北侧花坛下面是没有自然采光的图书馆

3.2-12

3.2-13 3.2-14 3.2-15

3.2-12 从韦克斯纳艺术中心北侧望白色构架
3.2-13 韦克斯纳艺术中心断裂的塔楼隐喻 19 世纪军械库
3.2-14 韦克斯纳艺术中心断裂塔楼大玻璃窗内是门厅
3.2-15 断裂塔楼旁的采光井

3.2-16	3.2-17
3.2-18	3.2-19

3.2-16 断裂塔楼片断与大面积玻璃窗组合
3.2-17 断裂塔楼片断与白色构架
3.2-18 韦克斯纳艺术中心的入口
3.2-19 从韦克斯纳艺术中心门厅通向北侧的走廊

3.2-20 | 3.2-22
3.2-21 |

3.2-20　韦克斯纳艺术中心的门厅
3.2-21　韦克斯纳艺术中心的咖啡厅
3.2-22　韦克斯纳艺术中心楼梯上方的吊柱

3.3 阿伦诺夫设计和艺术中心

Aronoff Center for Design and Art，Cincinnati，Ohio，USA

辛辛那提大学创建于 1819 年，校园占地约 0.86km^2，分散在城市内，2012 年的学生总数约为 42000 人。辛辛那提大学在 19 世纪建造的古典建筑非常典雅，20 世纪 60 年代，学校有较大发展，但是新建的校舍并不美观。20 世纪 80 年代中期校方决定聘请美国的著名建筑师参加设计，首先请到旧金山市的景观建筑师乔治・哈格里夫斯（George Hargreaves）为校园做了总体规划，同时又请迈克・格雷夫斯设计了工程学院的研究中心。此外，还请到贝聿铭建筑事务所设计了音乐学院的扩建工程，弗兰克・盖里设计了分子科学学院，1987 年又请埃森曼承担设计建筑艺术与规划学院扩建工程的设计。此后，校方又继续请到格瓦思米・西格尔（Gwathmey Siegel）、墨菲希斯（Morphosis）、伯纳德・屈米等著名建筑师在校园内设计了教学楼与学生宿舍，由于各位建筑师的设计风格各不相同，百花齐放，虽然风格不能统一，却也形成了一种独特的景观，像似建筑博览会，成为建筑学专业人士参观的场所。

1987 年，埃森曼应邀承担设计建筑艺术与规划学院（College of Design，Architecture，Art and Planning），简称 DAAP 学院的扩建工程，亦称阿伦诺夫设计和艺术中心（Aronoff Center for Design and Art）。DAAP 学院约有 1750 名大学生和研究生以及 120 名教工，学院已建有 3 幢规模不大、互相连接的教学楼，建筑面积共约 16000m^2，扩建后的建筑面积将扩大一倍，扩建部分包括 350 人的报告厅、图书馆、教室、实验室、行政用房、咖啡厅、展廊等。

DAAP 学院原有建筑呈折线状互相连接，扩建部分在原有建筑的北侧而且是沿着山坡，埃森曼充分利用这些特点，使新、旧建筑有机结合。扩建后的 DAAP 学院，或称阿伦诺夫设计和艺术中心因地制宜，扩建的主体建在坡地上，平面呈缓曲线形状，与原有建筑平面为折线状的体型互相呼应，同时又将原有建筑局部改造，改造后的旧建筑增加了动感，使新、旧建筑紧密地结为整体。

埃森曼将新、旧建筑之间极不规则的三角形空间作为中庭，并且充分发挥了不规则空间的特色，成为设计的精华。三角形中庭三面的回廊内空间丰富，顶部的采光天窗犹如一幅动态构成图案，挑台的高低错落、结构的扭转、空间的穿插，形成强烈的动感，这种扑朔迷离的空间变化在建筑艺术上确实有所突破。在中庭北侧布置了平面呈曲线状的单跑大楼梯，楼梯的坡度极缓而且宽度也有变化，有人曾质疑这种大楼梯是否必要。1998 年和 2010 年我两次拜访阿伦诺夫设计和艺术中心，每次都看到教师和学生在大楼梯上讨论、评图，宽大的休息平台上放着设计模型，高低班的学生之间还可以互相交流，令人羡慕。学院的一位教授认为：这样的空间对艺术院校师生很有教益，它给学生一种紧迫感、一种创新的欲望。DAAP 学院中庭的多功能也得到了充分发挥，既可用于大型聚会，又可用于各类信息交流，中庭首层还有咖啡厅，是师生休息的场所，过往于此也是一种艺术享受。

阿伦诺夫设计和艺术中心外立面也很有特色，似乎是埃森曼多年来逐步形成的一种风格，DAAP 学院新建的主入口由轻淡的红、灰两种颜色组成楔形体块、互相契合，具有独特的动感，有人称之为“交响乐式的地震”构图。由于入口北侧有一个灰色、粗壮的立柱，加强了竖向构图元素，嵌固了楔状构图，增加了稳定感，达到视觉上的均衡。埃森曼在其他工程中曾多次运用过类似的构图手法，但并非都很成功，DAAP 学院的立面设计恐怕是最成功的一例。

由于阿伦诺夫设计和艺术中心的建筑空间变化较多，建筑轴网的每个交点都在三度空间不断位移，设计必须借助计算机，施工期间也不得不打破传统方法，利用激光定位，这些在当时都是很先进的技术，据说工人们也很有兴趣，认为能够施工这幢非同寻常、难度较大的工程是一种骄傲。

埃森曼设计的阿伦诺夫设计和艺术中心引起国际建筑界的高度重视，美国著名建筑评论家保罗・戈德伯格（Paul Goldberger）在纽约时代周刊（New York Times）上发表评论，认为埃森曼的这项作品是美国建筑界继弗兰克・劳埃德・赖特（Frank Lloyd Wright）设计的古根海姆博物馆之后最重要的大事。英国建筑评论家查理・詹克斯把埃森曼的作品推崇为“非线性科学”（non-linear sciences）和“新城市主义”（new urbanism）。美国还出版了一本名为《十一位作家探讨一幢建筑物》（Eleven Authors in Search of a Building），这幢建筑物就是阿伦诺夫设计和艺术中心，书中的关键作者是唐娜・巴里（Donna Barry），她总结了阿伦诺夫设计和艺术中心设计的 12 个步骤，并且认为这是“动态数学的非线性设计过程”（dynamic mathematically non-linear design process）。[29]

3.3-1　阿伦诺夫设计和艺术中心模型
3.3-2　阿伦诺夫设计和艺术中心跨越校内道路
3.3-3　阿伦诺夫设计和艺术中心主入口

㉙ David Gosling. Eisenman Architects: Aronoff Center for Design and Art, University of Cincinnati[J]. Architectural Design Vol.67, Sep-Oct.1997: Ⅷ - Ⅹ .

3.3-4
3.3-5
3.3-6
3.3-7

3.3-4 阿伦诺夫设计和艺术中心北侧透视
3.3-5 阿伦诺夫设计和艺术中心北侧地形
3.3-6 阿伦诺夫设计和艺术中心北侧绿地
3.3-7 阿伦诺夫设计和艺术中心北侧小梯通往地下室

3.3-8　阿伦诺夫设计和艺术中心主入口坡道
3.3-9　从阿伦诺夫设计和艺术中心主入口从内向外望

3.3-10	3.3-11
	3.3-12

3.3-10　俯视阿伦诺夫设计和艺术中心中庭
3.3-11　阿伦诺夫设计和艺术中心中庭回廊内空间变化
3.3-12　阿伦诺夫设计和艺术中心中庭四周回廊

3.3-13 3.3-14

3.3-15

3.3-13　阿伦诺夫设计和艺术中心中庭回廊与大楼梯
3.3-14　俯视阿伦诺夫设计和艺术中心回廊与中庭
3.3-15　阿伦诺夫设计和艺术中心中庭回廊中的学生在讨论

3.3-16　阿伦诺夫设计和艺术中心学生在中庭回廊内评图
3.3-17　俯视阿伦诺夫设计和艺术中心高度变化的回廊
3.3-18　阿伦诺夫设计和艺术中心中庭的空间变化
3.3-19　阿伦诺夫设计和艺术中心中庭四周附属用房
3.3-20　阿伦诺夫设计和艺术中心中庭四周空间变化
3.3-21　阿伦诺夫设计和艺术中心中庭四周附属用房走道的色彩变化

3.3-17		3.3-16	
3.3-18	3.3-19	3.3-20	3.3-21

3.4 大哥伦布会议中心

Greater Columbus Convention Center，Columbus，Ohio，USA

1989 年，埃森曼在俄亥俄州的哥伦布市承担了设计建筑面积约 49237m^2 的大型会展中心、大哥伦布会议中心。埃森曼曾在哥伦布为俄亥俄州立大学设计过韦克斯纳艺术中心，博得好评，这次设计的大哥伦布会议中心与韦克斯纳艺术中心相距不远。

大哥伦布会议中心的场址靠近城市的高速路，原为铁路用地，场址地下有体现信息时代的光纤电缆。会议中心的主入口沿城市的高街，高街曾经是哥伦布市传统街区干道。大型会展中心室内须要灵活的大空间，以前类似的工程多数都按照固定模式设计，埃森曼没有因循过去的模式，他根据大哥伦布会议中心的功能需要和城市的历史文脉，创造性地完成了设计任务。

埃森曼将大哥伦布会议中心划分为两区，中间是一条室内步行道，室内步行道一侧布置两层的辅助用房，辅助用房对外沿高街，室内步行道另一侧布置会议和展览用房，会议和展览用房的另一侧是装卸展品的站台。会议和展览用房需要高大的空间，高度相当于辅助用房的两倍，因此，室内步行道两侧的高度基本相当。

在建筑艺术方面，埃森曼重点处理了沿高街的立面和室内步行道的景观。由于沿高街的立面很长，埃森曼采用分段处理的方法，采取既和谐又有变化的抽象图案装饰每段立面，中间主入口部位从高街稍向后退，形成一处有绿地的缓冲空间，保证人流的疏散。室内步行道则充分利用采光天窗的光影和辅助用房二层挑台的造型变化，形成丰富的动态景观。在大哥伦布会议中心的造型设计中，埃森曼再次运用了他惯用的淡雅色彩和具有动感的楔状组合构图。此外，他还精心设计了会议中心屋面的艺术效果，由于附近有几幢高层公共建筑，可以俯视会议中心，会议中心的屋面会直接影响城市面貌，埃森曼采用曲线组合设计屋面，屋面的曲线与四周高速公路和铁路的线形颇为和谐。

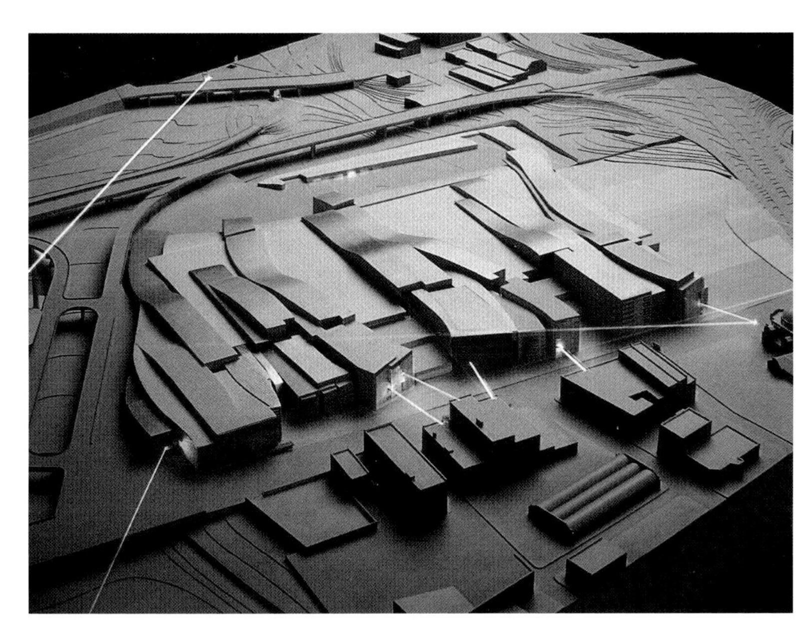

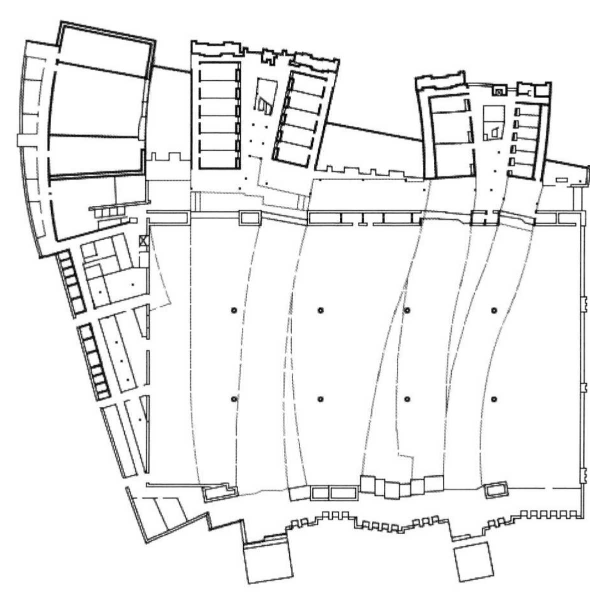

3.4-1 | 3.4-2

3.4-1　大哥伦布会议中心模型
3.4-2　大哥伦布会议中心平面

3.4-3

3.4-4 3.4-5 3.4-6

3.4-3　大哥伦布会议中心沿高街透视
3.4-4　大哥伦布会议中心沿高街立面
3.4-5　大哥伦布会议中心主入口
3.4-6　哥伦布会议中心次入口

3.4-7 | 3.4-10
3.4-8 3.4-9 |

3.4-7 大哥伦布会议中心玻璃幕墙反射出的街景
3.4-8 大哥伦布会议中心立面的造型处理
3.4-9 大哥伦布会议中心的过街楼
3.4-10 大哥伦布会议中心室内采光天窗

3.4-11

3.4-12 3.4-13 3.4-14 3.4-15

3.4-11　大哥伦布会议中心室内结构形成的构图
3.4-12　大哥伦布会议中心室内空间
3.4-13　大哥伦布会议中心室内天窗形成的构图
3.4-14　大哥伦布会议中心室内顶部结构
3.4-15　大哥伦布会议中心入口前的绿化

4. 丹尼尔·里伯斯金与犹太人博物馆：另一类建筑设计构思

Daniel Libeskind and the Jewish Museum Berlin: A Fresh Concept of Architectural Design

丹尼尔·里伯斯金（Daniel Libeskind）1946年出生于波兰一个纳粹大屠杀幸存者的犹太人家庭，他的双亲以及10名兄弟姐妹都经历过奥斯威辛集中营的迫害，最后只有其父和一个姑妈熬过苦难，得以幸存。1959年，当时年仅13岁的里伯斯金跟随家人迁往以色列，以后又乘船移民美国，来到纽约，在纽约读完中学后，进入大学先学习音乐，后来转到建筑系，毕业后以德国柏林为基地，组建了自己的建筑设计所。里伯斯金曾在北美、欧洲、日本、澳洲及南美各大学教书与演讲，1986年他曾指导位于意大利米兰的私人公益建筑机构（Architecture Intermundium），也曾任教于哈佛、耶鲁、伊利诺、南加大、德国汉堡学院等大学。他的主要设计作品有柏林犹太人博物馆、加拿大皇家安大略博物馆的水晶宫新馆、德国奥斯纳布吕克的菲利克斯·努斯鲍姆博物馆、以色列巴伊兰大学的沃尔中心、香港城市大学邵逸夫创意媒体中心、美国旧金山犹太人博物馆、伦敦城市大学的研究生中心等约50余项，大部分作品的风格都很近似。

柏林犹太人博物馆（Jewish Museum Berlin）是里伯斯金的处女作，位于德国首都柏林第五大道和92街交界处，建于1735年的原柏林博物馆（Berlin Museum）南侧，原柏林博物馆是一座巴洛克式的建筑物。柏林犹太人博物馆建筑面积15000m^2，投资1.2亿马克，始建于1992年11月9日，1998年底竣工，全部设施到2000年10月才安装完毕，2001年9月9日正式开馆。柏林犹太人博物馆是欧洲最大的犹太人历史博物馆，其目的是记录与展示犹太人在德国约2000年的历史，包括德国纳粹迫害和屠杀犹太人的历史，后者是展览中非常重要的组成部分，包括对大屠杀（Holocaust）的追念。博物馆展品以历史文物与生活记录为主，多达3900件，其中1600多件是原件。第二次世界大战之后，德国政府从未停止对历史的反省，德国对历史的态度，使德国人、法国人甚至整个欧洲的人民都感到轻松和安全。为了表示“勿忘历史”的决心，德国政府决定为犹太人修建了一座柏林犹太人纪念馆。2005年12月15日，柏林犹太人纪念馆最终落成，现在已经成为柏林的标志性建筑物。在其后的5年中，犹太人博物馆共接待了350万参观者。

无论从空中或地面，近处或远处，柏林犹太人纪念馆都给人以强烈的视觉冲击，博物馆不再是照片展览的代言词，而是通过建筑学的设计给人一种身历其境的震撼和感受。犹太人博物馆平面呈扭曲的曲折状（twisted zig-zag），反复连续的锐角曲折与墙体的倾斜，象征着生命的痛苦和烦恼，同时也蕴藏着不满和反抗，将犹太人在柏林所受的痛苦展现在建筑物上。

里伯斯金称该博物馆为“线状的狭窄空间”。理由是在这座建筑物中潜伏着与思想、组织关系有关的两条脉络。其一是充满无数的破碎断片的直线脉络，其二是无限连续的曲折脉络。这两条脉络虽然都有所限定，却又通过相互间的沟通，在形式上无限地伸展下去。依据相互离散、游离的处理手法，形成了贯穿这座博物馆整体的不连续的空间。这两条脉络是“犹太人博物馆”的特征，同时又是里伯斯金所特有的“二元对立，二律背反”的观点。

墙面上断续的线状采光口不仅有采光作用、立面构图效果，而且更是与整个建筑物的一种呼应，表现纳粹德国屠杀犹太人后给犹太民族造成的恐怖印象，建筑物表面上的那些折痕，如同心灵上的疤痕。犹太人博物馆多边、曲折的锯齿造型像是为人们打开的时光隧道，全面展示了德国犹太人2000年的生活历程，展示了他们对德国艺术、政治、科学和商业做出的卓越贡献，及在20世纪经历的那段悲惨历史。

据说，启发里伯斯金设计犹太人博物馆的构思源泉有三方面：其一是柏林市政府给他送去了两大捆档案，档案里面有柏林犹太人的姓名、出生日期、驱逐日期及地址。里伯斯金亲自考察了这些历史的遗迹，并在柏林城市地图上描绘出来，相互之间还连上线，这些线条使他得到了启示，里伯斯金称之为“一个非理性的原型”；其二是一系列三角形，看上去有点像纳粹时期强迫犹太人带上的六角的大卫之星（Jewish Star of David）的标志；其三的灵感来源于现代音乐史上一位著名作曲家阿·舜勒贝格，当年，由于希特勒的上台，他未能完成自己创作的唯一的一部歌剧，他的前两个乐章“华丽辉煌”，第三乐章只是重复演奏，然后是持续的停顿，这部歌剧的魅力就在于它的“未完成”，里伯斯金深深地为这种“空缺”所打动。[30]

进入犹太人博物馆只有通过柏林博物馆旧馆的地下室方可进入，在地下一层中参观者将在一处三岔口处做出选择，三条走廊将通往不同的场所，隐喻第二次世界大战期间犹太人的选择：通往死难、逃亡或者艰难共存，在做出选择的时候前途未卜。

---

[30] Andrew Kroll . 01AD Classics：Jewish Museum[J]. London：Architectural Design，2010.

一条走廊通向一个沉重的金属门，打开后是一个黑暗的、有回声的24m高塔的底层，里柏斯金为高塔取名“大屠杀塔”（Holocaust Tower），纪念成千上万被屠杀的人，沉重铁门、阴冷黑暗的狭长空间、微弱的光线，使参观者感受大屠杀受害者临终前的绝望与无助。另一条走廊通向霍夫曼公园（the E.T.A. Hoffmann Garden），也称“逃亡者之园”（The Garden of Exile）。“逃亡者之园”位于犹太人博物馆室外的一块倾斜的地面上，由49根微微倾斜的混凝土柱构成，表现犹太人流亡到海外谋生的艰苦历程，在倾斜的地面及并不垂直的49根柱构成的空间中穿行，使人感到头昏目眩，步履艰难，令人联想到犹太人流离失所、漂泊不定的沉重经历。[31] 每根混凝土柱顶上均植有野生橄榄（oleaster），表示犹太人生根于国外，充满着新生的希望。最后一条走廊末端是一个高高的陡峭大楼梯，从那里可以去永久性展厅。参观者最后要转回地下室，从地下室离开。“没有最后的空间来结束这段历史或告诉观众什么结论”，里伯斯金认为正是这种“空缺”，将使“一切在观众的头脑中持续下去。”

2007年里伯斯金又在老柏林博物馆的内院中扩建了多功能厅（multifunctional space）及餐厅，被称为博物馆花园（Museum Garden），主要用于犹太人节日（Jewish festival of Sukkot）的聚会，建筑面积670m^2，顶部采光是5层楼高的“玻璃楔形物”和一个30m高的观景平台，并且安装了先进的音响系统。

菲利克斯·努斯鲍姆博物馆（Felix Nussbaum Haus）是里伯斯金1995–1998年的作品，是他建筑生涯奠基之作。博物馆位于德国西北部下萨克森州的奥斯纳布吕克（Osnabrück）。博物馆由非常简单的3个体块构成，建筑面积1890m^2，里伯斯金称其是“一个没有出口的建筑物”。奥斯纳布吕克博物馆的构思与柏林犹太人博物馆有些相似，从新老结合和扩建部分的艺术处理可以很清楚地看到。博物馆中展示了当地的一位画家费利克斯·纳什鲍姆（Felix Nussbaum）的200多幅作品，费利克斯·纳什鲍姆是一个犹太裔画家，死于大屠杀。

里伯斯金为加拿大皇家安大略博物馆（Royal Ontario Museum，简称ROM）设计的新馆被称为“水晶宫”（Crystal），2007年建成，建筑面积达16258m^2，屋顶用铝和玻璃覆盖，水晶宫新馆包括7个展厅和2个特别展区以及餐饮区和1个新入口大厅。“水晶宫”由5座相互联结、自我支撑的菱形结构组成，倾斜的墙体塑造出独特的内部空间，十字形的连廊穿过位于中间的“精灵屋”（Spirit House），为城市增添了奇特的景观。

此外，里伯斯金在世界各地设计过不少项目，例如伦敦城市大学的研究生中心、以色列巴伊兰大学的会议中心、中国香港城市大学邵逸夫创意媒体中心等，建筑风格大体一致，尤其是那独特的开窗方式，有些“一招鲜走遍天”的架势。但是，开窗对建筑物的通风和采光影响重大，里伯斯金独特的开窗方式能否良好地解决用户的需求，值得探讨。

里柏斯金可以津津乐道的是在2002年纽约世贸大厦的重建总体规划设计竞赛（competition to develop a master plan for the World Trade Center's redevelopment）中获胜。遗憾的是最终的实施设计并没有按照里柏斯金的方案进行。

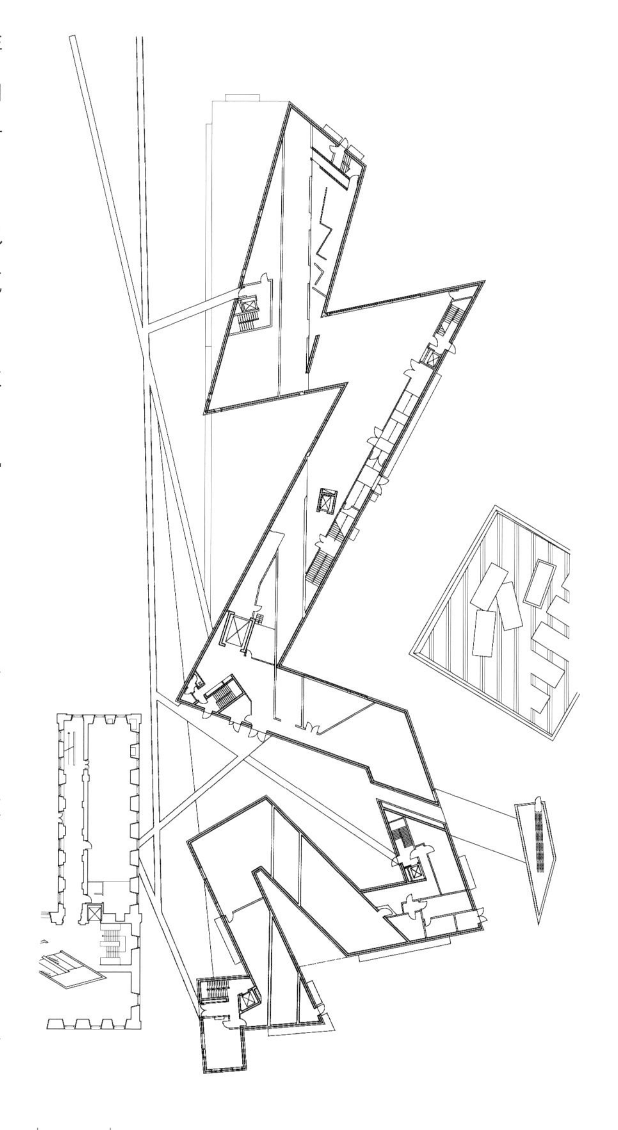

4–1

4–1　柏林犹太博物馆平面

㉛ E.T.A. 霍夫曼（1776–1822年），德国短篇故事作者及小说家，其杰出的著作具有怪异的风格，为德国浪漫主义代表人物。

4-2 柏林犹太博物馆鸟瞰
4-3 柏林博物馆老馆门厅改建
4-4 从柏林博物馆通向犹太博物馆入口
4-5 柏林犹太博物馆与柏林博物馆老馆之间的空间

4-2	4-4
4-3	4-5

4-6　柏林犹太博物馆透视
4-7　以犹太博物馆为背景的“逃亡者之园”与“大屠杀塔”
4-8　通向犹太博物馆的通道
4-9　通向犹太博物馆的楼梯
4-10　犹太博物馆通道中的支撑构架

4-6		4-7
4-8	4-9	4-10

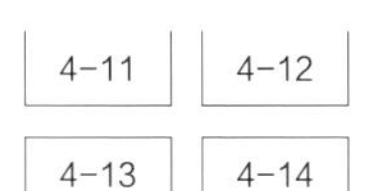

4-11　犹太博物馆展厅中的支撑构架
4-12　犹太博物馆展厅中外墙的窗孔
4-13　犹太博物馆通道转角处的窗孔
4-14　菲利克斯·努斯鲍姆博物馆鸟瞰

4-15	4-16
4-17	4-18

4-15　菲利克斯・努斯鲍姆博物馆透视
4-16　菲利克斯・努斯鲍姆博物馆的环境
4-17　加拿大皇家安大略博物馆新馆
4-18　加拿大皇家安大略博物馆新馆的环境

4-19
4-20 4-21

4-19 伦敦城市大学的研究生中心透视
4-20 以色列巴伊兰大学会议中心透视
4-21 中国香港城市大学邵逸夫创意媒体中心透视

5. 扎哈 · 哈迪德：一举成名的前卫派

Zaha Hadid: Avant-Garder Rising to Fame Swiftly

5.1 一举成名的前卫派

Avant-Garder's Rise to Fame

扎哈·哈迪德（Arabic：Zaha Hadid）1950年出生于伊拉克首都巴格达的一个富裕、开明的家庭，后定居英国，是伊拉克裔英籍建筑师。1971年在黎巴嫩的贝鲁特美国大学（American University of Beirut）攻读数学，后赴英国学习建筑学，1977年在伦敦建筑联盟的建筑学院（Architectural Association School of Architecture）获硕士学位。1976–1978年曾在库哈斯主持的大都市建筑研究所，简称OMA（Office for Metropolitan Architecture）工作，1980年在伦敦自行开业，创作多项作品，此后曾在美国哈佛大学等著名大学任教。2004年哈迪德获普利茨克奖，是获得该奖的第一位女建筑师和最年轻的建筑师。2016年3月31日，哈迪德因心脏病在美国迈阿密的医院去世，享年65岁。

哈迪德一生不断探索建筑造型，大致可分3个阶段，20世纪80年代是哈迪德走向成名的初期，在学习苏联前卫派艺术的基础上探索构成主义的动态造型，以香港山峰俱乐部（Peak Club）和维特拉家具厂的消防站为代表。

1983年香港山峰俱乐部举办国际设计竞赛，初出茅庐的哈迪德出人意料地战胜众多国际知名建筑师夺得第一名。山峰俱乐部位于香港九龙的山顶，可以眺望海港，是一项综合性的工程。哈迪德的设计方案由4个互相错动的水平体块组成，形成水平方向的功能分区。第一个水平体块半埋地下，由15套相当于两层楼高的工作室组成；第二个水平体块由20套旅馆式公寓组成，平面布局有较多变化；第三个水平体块是复式豪华公寓；开放式的俱乐部架在第二层体块和第三层体块之间，开放式的俱乐部包括健身、餐饮、图书阅览等，各层之间有坡道联系。哈迪德设计的香港山峰俱乐部建筑造型丰富，各层体块的扭转、错动和垂直支撑的倾斜以及弯曲坡道的串联，形成强烈的动感，与20世纪前期的现代建筑造型有明显的区别，令人耳目一新。哈迪德的构思源于探讨建筑物与自然环境的联系，创造出一种新的地质结构，取代原有的自然地貌。香港山峰俱乐部虽然并没有建造，哈迪德的设计方案仍然给人们留下深刻印象。1983年，哈迪特在伦敦举办的第一次展览会被命名为“星际建筑学”（Planetary Architecture），人们对她的作品褒贬不一，有人甚至认为她的设计是离经叛道、“纸上谈兵”的作品，也有人认为她的作品是现代建筑学前卫派的代表，因为当时国际建筑界正在盛行后现代建筑思潮。

哈迪德发表在杂志上的设计图也与众不同，不仅透视图与一般表现图不同，平剖面图的表示方法也与一般工程图的表示方法不一样，分析图则更具特色，是一种很有创意的概念性设计表达方式。哈迪德扑朔迷离的表现图令不少人感到困惑，建设单位则担心她的方案能否建成，因而失去很多本来可能属于她的项目。

1994年，莱茵河畔魏尔镇（Weil am Rhein）维特拉家具厂消防站（Fire Station of Vitra Factory）的建成改变了人们对她的印象，维特拉消防站使她在国际建筑界成为名副其实的“前卫派”，第一项作品建成便引起国际重视，在国际建筑界的历史上罕见。

魏尔市的维特拉工厂是1950年由德国人威利·费尔鲍姆（Willi Fehlbaum）创立的，费尔鲍姆原为瑞士家具公司的老板。1981年的一场大火烧毁了维特拉家具厂的全部厂房，费尔鲍姆家族颇有远见，决定重建厂房并且聘请世界各地的著名建筑师设计。[32]

1993年厂方聘请了哈迪德为厂区设计了消防站，消防站建在厂区中央干道的尽端，成为中央干道的对景。消防站的建筑面积为852m^2，包括车库和辅助用房。车库是消防站的主体，可停放5辆消防车，辅助用房包括35名消防员的训练室、更衣室、餐厅、卫生间、会议室兼俱乐部等。哈迪德的设计从分析环境入手，农田和铁路的相对关系成重要因素之一。哈迪德在设计中强调的另一点是消防站的个性（Identity）。消防站在工厂一端的边缘，应当具有屏障作用，她以几个动态的块体表达屏障作用。此外，哈迪德认为消防站需要紧张、刺激的造型，使人随时提高警惕，正如许多国家都把消防站的大门和消防车涂成醒目的红色。维特拉消防站入口前雨棚向上倾斜，悬挑的尖角像一把飞刀，形成刺激的造型，由于造型的独特，成为厂内的一大亮点。由于魏尔市也建立了消防站，维特拉消防站现已改为多功能展厅。

继维特拉消防站之后，哈迪德又在魏尔市公园中设计了一个信息展廊（Information Pavillion

for the Landsgartenschau)。魏尔镇的信息展廊是该地为 1999 年举办德国园林展建造的，作品不仅具有创造性，而且朴实无华。魏尔镇的人口仅有 2.8 万人，展廊建在一个公园内，公园的场地曾经是一座采石场，我去参观时还保留着部分采石设备作为纪念。展廊的造型自然地起伏，暗示着地层构造，又像是古树的化石，公园的小路可跨越展廊的屋顶。展廊的场地狭长，长达 140m，宽度大小不等，由 0.85m ~ 17m，展廊高度为 0.6m ~ 6.3m。展廊底层现已改为一个小咖啡厅，展廊规模虽小但空间丰富，已成为小镇的重要景点。

5.1–1 香港山峰俱乐部总平面与环境分析
5.1–2 香港山峰俱乐部透视之一

㉜ 维特拉家具公司的董事会主席拉夫·费尔鲍姆（Rolf Fehlbaum）是瑞士富豪，有着迥异于常人的收藏癖好，他喜欢收藏建筑物，他已经是世界上最牛的建筑物收藏家。费尔鲍姆首先聘请了提倡“新简约主义”（New Minimalism）的英国建筑师尼古拉斯·格瑞姆肖（Nicholas Grimshaw）设计了第一个重建的厂房，新厂房在火灾后的 6 个月便建成了，厂房由铝材饰面，显示出高科技效果。1986 年建成的第二个厂房是聘请葡萄牙建筑师阿尔瓦罗·西扎（Alvaro Siza）设计的，西札设计的厂房外墙采用红砖，造型简洁、典雅，和格瑞姆肖设计的厂房尺度一致，但风格完全不同。值得一提的是西札为第二个厂房与连接对面原有厂房的通道上方设计了一个可以遮雨的桥架式活动顶板，桥架式活动顶板不仅丰富了厂区空间，也为中央干道增添了有特色的景观。1984 年维特拉家具厂的主席拉夫·费尔鲍姆为祝贺其父威利·费尔鲍姆的 70 岁生日，决定聘请克拉斯·欧登伯格和古斯·凡·布鲁根两位雕塑家设计了一座雕塑送给老人，雕塑名为“平衡工具”（Balancing Tools），雕塑被放置在厂前区，具有强烈表现力的雕塑成为厂前的重要景观。1987 年盖里应邀为维特拉家具厂设计了另一个新的厂房，同时也设计了厂前区的维特拉设计博物馆（Vitra Design Museum），博物馆是维特拉家具厂主席送给母亲的礼物，于 1989 年建成。此后，厂方又聘请日本建筑师安藤忠雄在厂前区设计了会议厅，会议厅建在博物馆南侧，安藤将会议厅设计成下沉式，大部分建筑物被埋在地下，相当低调，一条笔直的小路由厂前通向会议厅，小路狭窄，人们只能排成单行前进，据说是为了表示会议的严肃性。2000 年，厂方在厂区内建造了一个球形穹顶建筑物，作为多功能厅，是复制美国建筑师巴克敏斯特·富勒（Buckminster Fuller，1895 - 1983 年）曾经在美国底特律建造过的球形穹顶建筑（Geodesic domes）。此后，厂方又聘请瑞士建筑师赫尔佐格和德梅隆（Herzog & de Meuron）在厂前区设计了“维特拉住宅”（Vitra Haus），一种特殊形式的展馆，展馆是按住宅尺度设计的五层建筑，展出维特拉家具厂收藏的住宅家具，“维特拉住宅”布置在维特拉博物馆北侧，建筑造型复杂。此外，厂方还聘请日本建筑师妹島和世与 SANAA 建筑设计事务所在厂内的西南角设计了一幢圆饼形厂房。维特拉家具厂聘请众多著名建筑师为一个规模并不大的工厂进行设计，实为建筑史上的创举，它像似一个建筑博览会。1997 年我第一次拜访这个工厂时，厂方只限中午休息时接待客人，以后我又拜访过几次，接待方式不断改变，现在已初步形成固定模式，厂方称为“建筑旅游”（Architecture Tour）。现在的维特拉工厂已称为维特拉校园（Vitra Campus）。“维特拉校园一日游”已成为建筑学甚至旅游业的重要项目。应当感谢厂方为国际建筑界做了一件大好事，维特拉家具厂在学术上的贡献将会在今后发挥更多的作用。

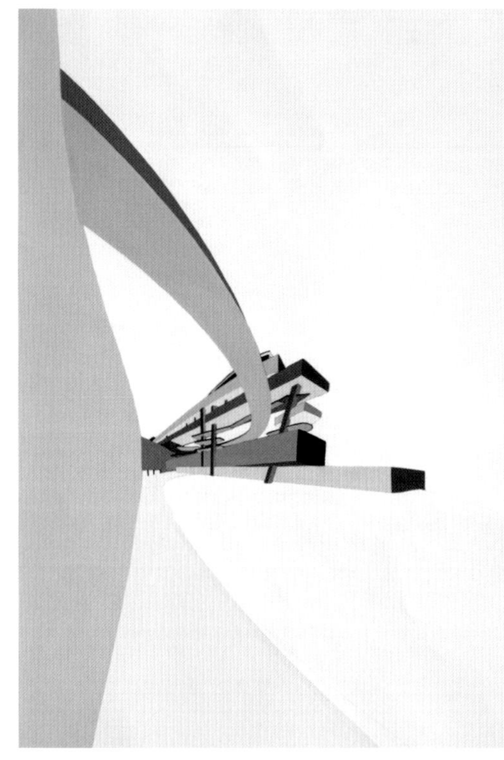

5.1-3 5.1-4
5.1-5 5.1-6

5.1-3　香港山峰俱乐部透视之二
5.1-4　香港山峰俱乐部透视之三
5.1-5　香港山峰俱乐部分析之一
5.1-6　香港山峰俱乐部分析之二

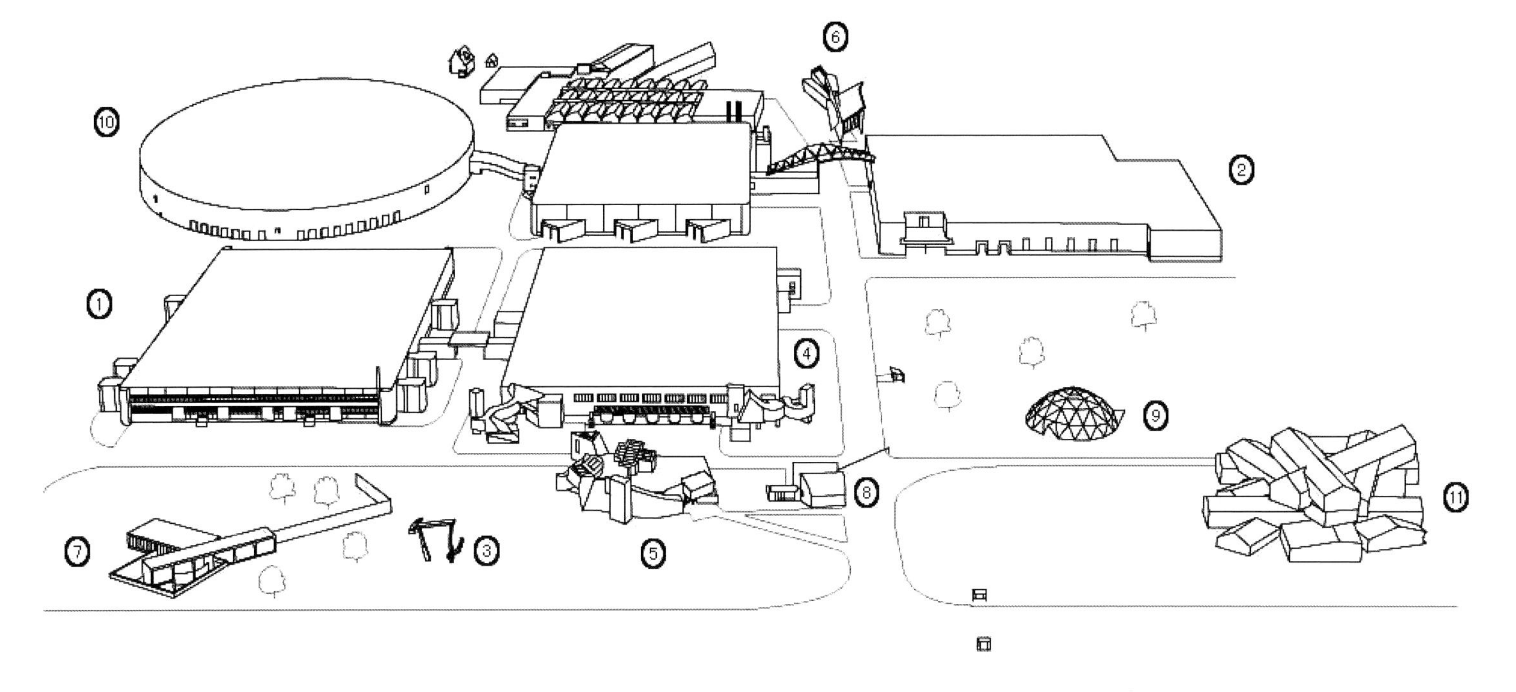

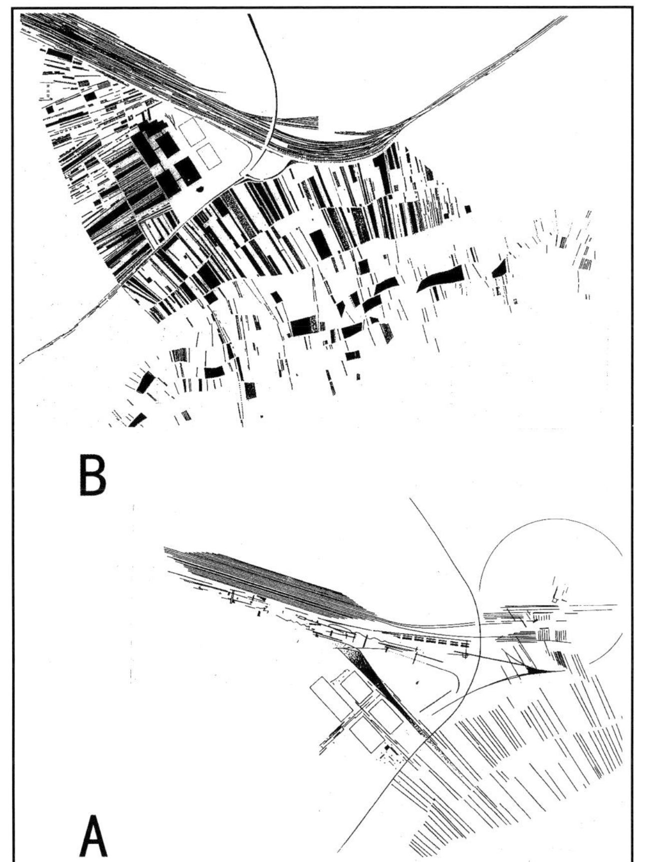

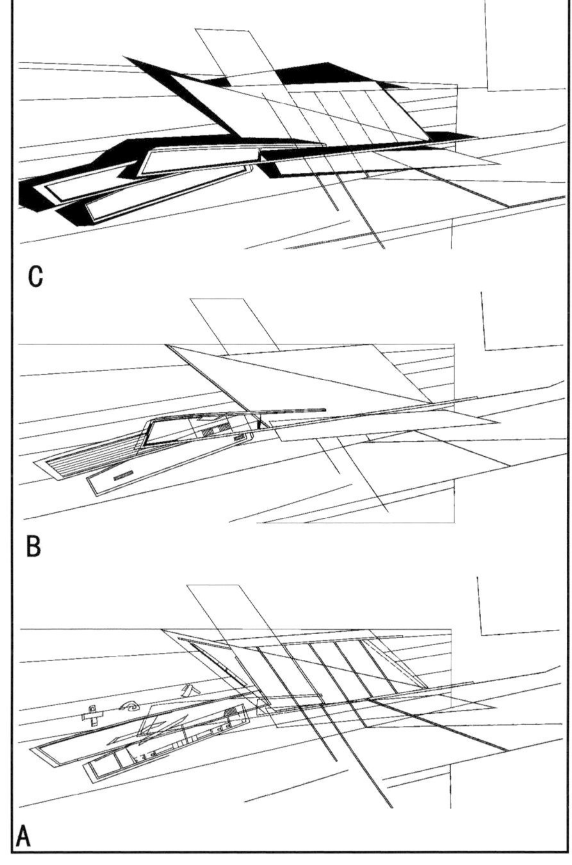

5.1-7 维特拉工厂总平面

1- 尼古拉斯・格瑞姆肖设计的第一个重建厂房；2- 葡萄牙建筑师阿尔瓦罗・西扎设计的第二个厂房外墙采用红砖、造型简洁、典雅；3- 厂前区的雕塑名为"平衡工具"；4- 盖里设计了另一个新的厂房；5- 盖里设计的厂前区维特拉设计博物馆；6- 哈迪德设计的消防站，7- 日本建筑师安藤忠雄在厂前区设计的会议厅；8- 盖里设计的门卫室；9- 球形穹顶多功能厅；10- 日本建筑师妹島和世设计的圆饼形厂房；11- 赫尔佐格和德梅隆在厂前区设计的"维特拉住宅"展馆

5.1-8 维特拉工厂消防站环境分析

A- 消防站与铁路的关系；B- 消防站与农田的关系

5.1-9 维特拉工厂消防站平面

A- 首层平面；B- 二层平面；C- 屋顶平面

5.1-10 5.1-12

5.1-11

5.1-10　维特拉工厂消防站透视
5.1-11　维特拉工厂消防站入口前的雨棚
5.1-12　从维特拉工厂消防站入口望雨棚下支柱

5.1-13	5.1-14
	5.1-15

5.1-13　维特拉工厂消防站入口
5.1-14　维特拉工厂消防站东侧透视
5.1-15　维特拉工厂消防站西侧透视

5.1-16 5.1-19

5.1-17 5.1-20

5.1-18

5.1-16 维特拉工厂消防站北侧透视
5.1-17 维特拉工厂消防站北侧雕塑
5.1-18 维特拉工厂消防站雕塑小品
5.1-19 维特拉工厂消防站室内训练室
5.1-20 从维特拉工厂消防站入口望室内训练区

5.1-21 | 5.1-22

5.1-21　从维特拉工厂消防站入口望楼梯和室内训练区
5.1-22　从维特拉工厂消防站楼梯望二层会议室

5.1-23 5.1-24

5.1-25

5.1-23 从维特拉工厂消防站训练室隔墙与顶板缝隙望楼梯
5.1-24 维特拉工厂消防站二层会议室
5.1-25 从维特拉工厂消防站二层屋顶望工厂中央大道

5.1-26	5.1-27	5.1-28
5.1-29		

5.1-26　远望魏尔市公园中的信息展廊
5.1-27　远望魏尔市公园信息展廊跨越屋顶的坡道
5.1-28　魏尔市公园信息展廊入口
5.1-29　魏尔市公园信息展廊室内

5.2 成名后的发展阶段：探索动态造型

The Development after Fame：Exploring the Dynamic-Construction

20 世纪 90 年代是哈迪德成名后的发展阶段，她努力探索了建筑物动态造型的多种可能，例如美国辛辛那提当代艺术中心（The Contemporary Arts Center Cincinnati）、苏格兰格拉斯哥（Glasgow，Scotland）的滨江博物馆（Riverside Museum）、德国沃尔夫斯堡（Wolfsburg）的费诺科学中心（Phæno Science Center）等。[33]

辛辛那提当代艺术中心成立于 1939 年，是美国最早的一个致力于当代视觉艺术的单位。哈迪德设计的、新的当代艺术中心将作为临时展览、表演场地，不作为艺术品永久收藏地。新的当代艺术中心位于第六大街与坚果大街拐角处（Corner of 6th & Walnut），总建筑面积 $7400m^2$，占地面积约 $1000m^2$，高度约为 25m，2003 年建成，是哈迪德在美国建成的第一个作品，被《纽约时报》誉为“田园绿洲”。哈迪德设计的辛辛那提当代艺术中心是典型的构成主义产物，她运用立体构成的设计手法，使建筑物的沿街透视犹如立体构成的雕塑，黑白相间、虚实对比、凹凸有致，被称为“城市地毯”（Urban Carpet）“拼图游戏”（Jigsaw Puzzle）。当代艺术中心共有 7 层，坡道成为室内的构图中心，楼梯、坡道沿建筑后部呈之字形曲折向上，同时，各陈列室宛如三维拼图玩具，相互联动，虚虚实实，趣味盎然。

过去有些文章介绍说哈迪德在世界各地均有作品，唯独在伦敦反而没有她的作品。2011 年我们在伦敦专程拜访了伊夫林・格雷斯学院(Evelyn Grace Academy)，这是哈迪德在伦敦的第一项作品。伊夫林・格雷斯学院是一所非选择性、男女同校的英语课程中学（non-selective，co-educational secondary school within the English Academy programme），教学目标要使每个学生能进入高等学府。伊夫林・格雷斯学院位于伦敦南部的布里克斯顿（Brixton），布里克斯顿是一个多元文化地区，拥有很高的黑人人口比例，该项目是为方舟教育（ARK Education）而设计，学生的学费由相关慈善机构 100% 提供。[34] 学院被有组织地分成 4 个较小的学校，4 个学校共享一个室外活动场地与相关设施。由于场地有限，建筑物呈现出曲折的“Z”字形横跨在场地中央，将活动场地分割成几块，底层局部架空，使得学生们可以在不同运动场地间穿行。有趣的是那条 200m 跑道，要在建筑物下面穿梭，像是一条铺设在大桥下的高速公路，大桥就是学院的教学楼。在建筑造型方面，哈迪德与以往疯狂不羁的风格有着很大不同，在这里显示出少有的冷静与理性。

㉝ 苏格兰格拉斯哥的滨江博物馆（Riverside Museum）是格拉斯哥河畔的最新景点，建筑物一面向着城市，一面向着河流，隧道般的形体创造了一个宛如城市到河流的路径。博物馆主要展览城市的交通运输、工程和造船事业。博物馆建筑面积 7800 ㎡，屋顶耗钢量达到 2500t，是英国工程史上的一个壮举，博物馆中央主要空间呈无柱开放空间，提供展览最大的灵活性。
德国沃尔夫斯堡的费诺科学中心是实验性的前卫建筑，欧洲迄今为止最大的“自凝式混凝土”建筑物。它雄踞于街道上方，下方是开放性的城市空间，具有强烈的视觉冲击力，在建造过程中，大量采用了模板拼装系统和自凝式混凝土。

㉞ 方舟教育（ARK Education）成立于 2002 年，是一个慈善教育机构。特别关注撒哈拉以南的非洲，俗称黑非洲（sub-Saharan Africa）儿童的教育和健康。

5.2−1 5.2−2

5.2−1　美国辛辛那提当代艺术中心透视
5.2−2　仰视美国辛辛那提当代艺术中心外墙面典型的构成主义装饰

5.2-3		5.2-4
5.2-5	5.2-6	

5.2-3　美国辛辛那提当代艺术中心首层楼梯入口
5.2-4　仰视美国辛辛那提当代艺术中心
5.2-5　辛辛那提当代艺术中心楼梯交叉
5.2-6　辛辛那提当代艺术中心楼梯休息平台

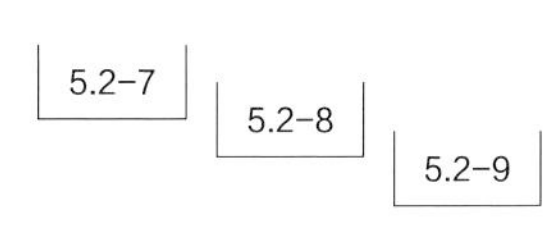

5.2-7　辛辛那提当代艺术中心楼梯通向展室
5.2-8　辛辛那提当代艺术中心楼梯通向地下
5.2-9　辛辛那提当代艺术中心楼梯采光

5.2-10　辛辛那提当代艺术中心室内雕塑
5.2-11　俯视辛辛那提当代艺术中心楼梯构图
5.2-12　辛辛那提当代艺术中心展厅

5.2-13	
5.2-14	5.2-15

5.2-13　苏格兰格拉斯哥的滨江博物馆全景透视
5.2-14　苏格兰格拉斯哥的滨江博物馆后侧透视
5.2-15　苏格兰格拉斯哥的滨江博物馆前侧透视

5.2-16

5.2-17

5.2-16 德国沃尔夫斯堡的费诺科学中心
5.2-17 沃尔夫斯堡的费诺科学中心地面架空

5.2-18	5.2-19
5.2-20	5.2-21
5.2-22	5.2-23

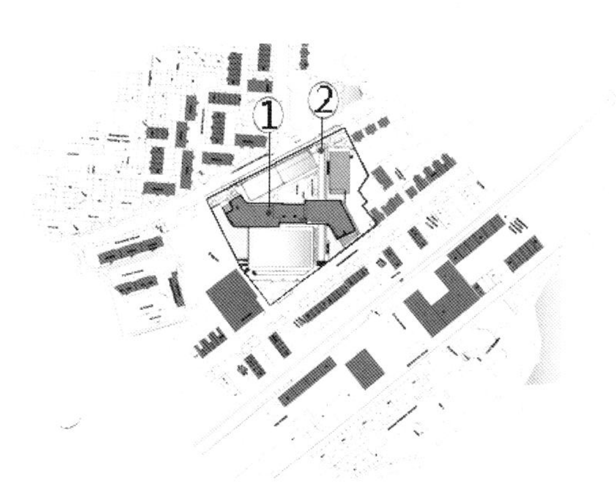

5.2-18　沃尔夫斯堡的费诺科学中心室内展厅
5.2-19　伊夫林・格雷斯学院入口透视
5.2-20　伊夫林・格雷斯学院平面布局
　　　　1- 主体建筑；2-200m 跑道
5.2-21　伊夫林・格雷斯学院透视
5.2-22　俯视伊夫林・格雷斯学院 200m 跑道
5.2-23　伊夫林・格雷斯学院室内

5.3 后期的成熟作品：曲线状的动态构成

Mature works of later period: Curved Dynamic-Construction

21 世纪是哈迪德事业发展的成熟阶段，成熟阶段的哈迪德设计了多项规模庞大的项目，并且进军中国市场，例如罗马的国立 21 世纪艺术博物馆（National Museum of XXI Century Arts）、中国广州歌剧院、上海凌空 SOHO、北京大兴新机场 T1 航站楼等。

罗马国立 21 世纪艺术博物馆有些特殊，博物馆位于罗马的弗拉米尼奥（Flaminio）区，周围遍布居民区，比起市中心的传统的文化区，该地段的文化氛围并不十分优越。据说博物馆用地的前身是一处废弃的军营，但就是因为有了哈迪德设计的博物馆和伦佐·皮亚诺（Renzo Piano）设计的罗马音乐厅落户在此，使得该地区的文化氛围得以提升。[35]21 世纪艺术博物馆占地面积 29000m^2，包括观众席、大型室外广场、研究中心并设有图书馆和档案室、书店、自助餐厅和餐厅与酒吧。博物馆的永久性藏品与临时陈列轮流进行展示。它是一座钢筋混凝土和玻璃构成的建筑，流线状钢构楼梯的交错层叠营造了空间纵深感和流动感，成为设计的亮点，似乎楼梯占的面积多了一些。

向中国进军是哈迪德事业发展成熟阶段的重大成就，以中国广州歌剧院为例，广州歌剧院（Guangzhou Opera House）是广州市新建的七大标志性建筑之一，地处珠江新城，占地面积约 42000m^2，总建筑面积约 70000m^2，包括 1800 座位的大剧场 36400m^2、400 座位多功能剧场 7400m^2、其他配套建筑 26100m^2，曲线状的动态构成是哈迪德成熟阶段的设计特征。该建筑设计理念源自一种激情：在广州市建立一个新的文化焦点，能将人们的文艺欣赏需求与建筑艺术融为一体的焦点。构思方案“圆润双砾”（double pebble），寓意被珠江冲刷而成的两块砾石，与周围环境，特别是珠江紧密地结合在一起。从功能角度分析，整个歌剧院分为两大部分，“大石头”作为大剧场，“小石头”内布置多功能剧场与配套辅助用房。位于两块“石头”之间的首层部分为架空层，与相邻的水面和草坡共同构成一个可供公众开展文化艺术活动的开放空间。架空层弱化了室内与室外的隔阂，周围的草坡，架空层中得咖啡厅及文化广场成为大、小石头与城市公共空间之间的过渡元素。建筑物及其广场由外缘向中心下倾的连续变化，地面微妙的起伏，实现了与自然界面轻柔的接触。两块石头一样的建筑物与周围造型相对规整的高楼大厦形成鲜明对比，从繁华的摩天大楼过渡到宁静的歌剧院。广州歌剧院的施工图有国内多家设计单位合作，剧院的声学设计由国际著名声学专家马歇尔·戴声学组（Marshall Day Acoustics）主持，为广州大剧院精心打造的声学系统，达到世界一流水平，使其传递出近乎完美的视听效果，获得全球建筑界及艺术家的极高评价，为中国夺得众多殊荣。[36]2010 年，英国《卫报》撰文称赞广州大剧院是“继悉尼歌剧院后的又一个奇迹”。

上海凌空 SOHO 所在的上海虹桥临空经济园区，毗邻虹桥综合交通枢纽，区域内有超过 800 家企业总部，是连接整个泛长三角地区最具活力和辐射力的国际化商贸总部聚集区。凌空 SOHO 建筑群占地 86000m^2、总建筑面积约 350000m^2，12 栋建筑物被 16 条空中连桥连接成一个空间网络。凌空 SOHO 是继北京的银河 SOHO、望京 SOHO 之后，SOHO 中国与扎哈·哈迪德联手打造的第 3 个精品，似乎也是哈迪德在中国最成功的作品。为了保证室内空气质量，SOHO 采用了新风过滤系统，办公室内新风的 PM2.5 过滤效果达到 90%，远远超出国家标准，为室内人群提供洁净的空气。凌空 SOHO 在 2 层以上每层的茶水间中，配备 5 层过滤的直饮水，水质达到航天员饮用标准。为了节能减排、降低建筑能耗，凌空 SOHO 还将计划结合 BIM 系统建立全新一代的智能楼宇节能管理系统。

㉟ 伦佐·皮亚诺是意大利当代著名建筑师，1998 年第 20 届普利兹克奖得主。他出生于热那亚，目前仍生活并工作于这一古城，因对热那亚古城保护的贡献，他亦获选联合国教科文组织亲善大使。他受教并于其后执教于米兰理工大学（Politecnico di Milano）。1965 年 –1970 年，他为路易斯·康工作。1971–1977 年，他与理查德·罗杰斯共事，期间最著名的作品为巴黎的蓬皮杜艺术中心（1977）。

㊱ 马歇尔·戴声学顾问组是由克里斯多佛·戴（Christopher Day）与哈罗德·马歇尔爵士（Sir Harold Marshall）合作，于 1981 年在新西兰建立的声学专家顾问组，他们的工作遍布全球。

2014 年 11 月，由哈迪德与 ADP Ingeniérie（ADPI）联合设计的北京大兴新机场 T1 航站楼设计方案已正式施工，计划于 2019 年年底建成。该项目位于北京大兴区，新机场将会缓解现状北京首都机场的压力。机场 T1 航站区建筑群总面积 1430000m^2，航站楼主体 1030000m^2，哈迪德除了带来她标志性的流线型设计外，还与 ADP 进行了灵活的机场功能布局，以便日后可以根据需求改装，与地铁、铁路系统的交通接驳也被充分考虑进去。大兴新机场 T1 航站楼将是全球最大的机场客运大楼，也是哈迪德一生中参与完成的最大项目。哈迪德在中国的作品是她成熟的重要标志。

此外，哈迪德还探索过跨越建筑学的服装设计和其他生活用品设计，她的绘画作品更是独具一格，经常在世界各地展出，作品被纽约现代艺术博物馆、法兰克福德意志建筑博物馆等业内权威机构永久收藏，反映出哈迪德的广阔视野。

纵观哈迪德的全部作品，我更喜欢的还是她的早期作品，特别是在莱茵河畔魏尔镇的维特拉家具厂消防站和魏尔镇的信息展廊。

在《扎哈·哈迪德作品全集》中，我们会发现极少工程图，这种做法似乎不值得提倡，因为建筑学不仅仅有艺术的一方面，更重要的是艺术要与功能和工程技术的结合。

5.3-1 罗马国立 21 世纪艺术博物馆入口透视之一

5.3-1

5.3-2

5.3-3

5.3-2　罗马国立 21 世纪艺术博物馆入口透视之二
5.3-3　罗马国立 21 世纪艺术博物馆入口透视之三

5.3-4	5.3-5	5.3-6
5.3-7	5.3-8	

5.3-4　罗马 21 世纪博物馆楼梯透视之一
5.3-5　罗马 21 世纪博物馆楼梯透视之二
5.3-6　罗马 21 世纪博物馆楼梯透视之三
5.3-7　罗马 21 世纪艺术博物馆室内展厅
5.3-8　罗马 21 世纪艺术博物馆室内地上抽象绘画展品

5.3-9	5.3-11
5.3-10	

5.3-9　广州歌剧院透视
5.3-10　广州歌剧院局部透视
5.3-11　广州歌剧院“圆润双砾”之间

5.3-12　5.3-13

5.3-12　广州歌剧院室外坡道
5.3-13　广州歌剧院室内坡道

5.3-14　5.3-15

5.3-14　广州歌剧院室内装修
5.3-15　广州歌剧院室内座位

5.3-16	5.3-18
5.3-17	5.3-19

5.3-16　广州歌剧院坡道与庭院
5.3-17　广州歌剧院坡道与钢屋架
5.3-18　广州歌剧院与周边环境
5.3-19　上海凌空 SOHO 模型

5.3-20

5.3-21 5.3-22 5.3-23

5.3-20 上海凌空 SOHO 天桥与绿化的立体组合
5.3-21 上海凌空 SOHO 的天桥组合
5.3-22 上海凌空 SOHO 的天桥
5.3-23 上海凌空 SOHO 的台地绿化与休息区

5.3-24	5.3-25	5.3-26
5.3-27		

5.3-24　上海凌空 SOHO 的下沉广场
5.3-25　上海凌空 SOHO 天桥下的空间
5.3-26　上海凌空 SOHO 的标志
5.3-27　俯视北京大兴新机场 T1 航站楼设计图

6. 弗兰克·盖里：探讨动态构成与艺术包装的大师

Frank Gehry: Master of Exploring the Dynamic-Construction and Artistic Packaging

6.1 私宅改建：声名远扬

Reconstruction of Private House：Enjoy a widespread Reputation

1929 年弗兰克·盖里 (Frank Owen Gehry) 出生于加拿大的多伦多，盖里的父母是犹太裔的波兰移民，盖里 16 岁时随父母移居美国的洛杉矶，1954 年盖里在南加州大学 (University of Southern California) 获建筑学士学位，后在哈佛大学研究生院学习一年城市规划。盖里曾先后在巴黎的 Andre Remondet 建筑事务所和洛杉矶的维克托·格伦建筑事务所 (Victor Gruen Associates) 中短期工作，1962 年在洛杉矶自行开业。1989 年盖里获得代表建筑界最高荣誉的普利茨克建筑奖。[37] 盖里是当今国际建筑界最有影响的建筑师之一，被认为是继弗兰克·劳埃德·赖特 (Frank Lloyd Wright 1867–1959 年) 之后在国际上最有影响的美国建筑师，20 世纪 80 年代美国有人把他与罗伯特·文丘里 (Robert Venturi) 、彼得·埃森曼 (Peter Eisenman) 列为领导当代建筑潮流的教父。进入 20 世纪 90 年代，盖里的作品更加引人瞩目，1993 年纽约电视台黄金时间曾播出“20 世纪建筑回顾与展望”电视系列片，追踪访问 20 世纪促进建筑改革的前卫派代表人物，被访的第一位建筑师就是弗兰克·盖里。

弗兰克·盖里的作品曾经被建筑评论家贴上过各种标签：后现代、新古典、晚现代、解构、现代巴洛克……，盖里的作品被人们推崇，不仅因为他在建筑造型方面不断推陈出新，而且他很重视建筑物的功能和经济，盖里曾经说过：我要使每幢建筑物像一个雕塑作品，一个空间容器，一个具有光线和空气的空间，和环境结合同时与感觉和精神一致。这个容器、这个雕塑，要适应使用者的需要，使用者可以与它互动。如果不能做到这些，我就失败了。[38]

盖里在美国洛杉矶设计的迪士尼音乐厅恐怕是他最成功的作品，他用了近 5 年的时间不断修改，最终的成果令人耳目一新。

1977 年弗兰克·盖里在加利福尼亚州的圣莫尼卡（Santa Monica）买了一幢两层住宅，约 195m^2，住宅位于街区的转角处，次年，盖里决定将底层扩建，增加了 74m^2 的厨房和餐厅，二层则增加了 63m^2，住宅的扩建并没有破坏原有建筑物。住宅入口以变化方向的台阶和二层出挑的金属网抽象造型架加强了导向性。沿街扩建的厨房和餐厅成为建筑造型处理的重点，盖里特意设计了一个斜放的天窗、一个倾斜的透光立方体放在厨房的顶部，厨房的天窗不仅在室外引人注目，室内的空间也增加了变化，住宅的餐厅在街区转角处，盖里又布置了一个斜放的角窗，餐厅的角窗与厨房的天窗互相呼应。改建后的住宅上部基本保持原貌，下部形成具有雕塑感的基座，盖里称之为“新老建筑对话”。住宅改建初期招来各种非议，成为当地报刊讨论的焦点话题，甚至波及全国，有些邻居甚至把它比作是“放在别人院子前面的脏东西”、怪物、畸形。当人们拜访过住宅内部之后，大多数人改变了看法，由厌恶转为欣赏，但仍有人认为它是“可住而不可观的好房子”，今日的盖里住宅已成为居住区内的重要景观。

盖里曾经说过：“我要尝试一些不同，……我喜欢在灾难的边缘游戏”。[39] 盖里的大胆构思曾经引发一些建筑师的疑虑，怀疑他的创作态度是否严肃。盖里坦率地回答：我设计这幢房子是为了 R 和 D、研究和发展（Research and Development），建筑师不能拿顾客的房子做试验，不能拿别人的钱冒险，所以我只能人以我的住宅、我的钱和我的时间去做 R 和 D。[40] 另外值得一提的是盖里住宅扩建所用的材料全是廉价的，例如波形金属板、金属网、木夹板等，从而大大降低了建筑造价，降低造价在美国经济萧条的 20 世纪 70 年代具有特殊意义。尽管对盖里住宅的评价始终有不同看法，住宅的扩建使盖里声名远扬。

㊲ 普利兹克建筑奖建立于 1979 年，每年一次，颁发给一位有重大成就的在世的建筑师，不论其国籍、种族、信仰或意识形态，由芝加哥普利兹克家族（Pritzker Family）的凯悦基金会（Hyatt Foundation）提供，普利兹克家族是美国最富有的家族之一，在世界各地经营凯悦酒店（Hyatt Hotel）等大型商业项目，普利兹克建筑奖被认为是“建筑界的诺贝尔奖”和“行业最高荣誉”，该奖项包括 10 万美元、正式证书和铜牌奖章，程序和奖励仿照诺贝尔奖。

㊳ 1980 盖里在准备出版《当代建筑师》(Contemporary Architects) 时的讲话，引自 1989 年盖里获普利茨克建筑奖时普利茨克官方网站发表的资料。

㊴ Peter Arnell and Ted Bickford. Frank Gehry：Buildings and Projects[M]. New York：Rizzoli International Publications Inc.，1985：134.

㊵ Tod A.Marder. Gehry House [M]. // Tod A.Marder（editor）. The Critical Edge：Controversy in Recent American Architecture. Cambridge：The MIT Press，1985：110.

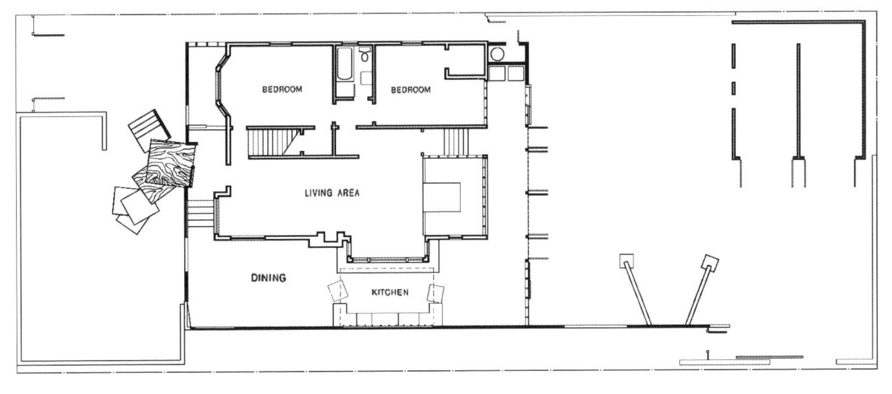

A

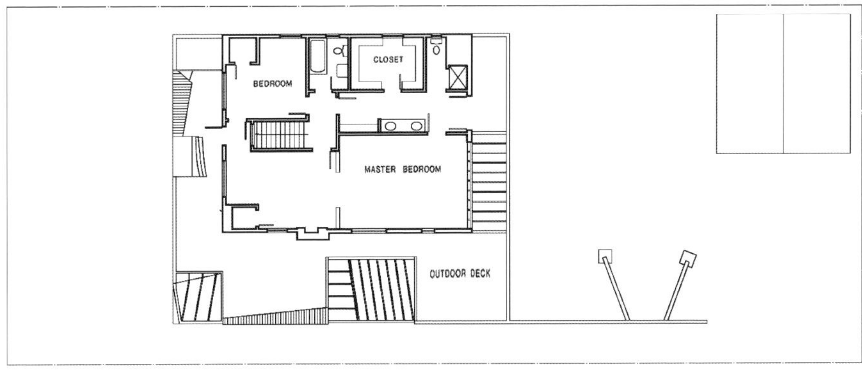

B

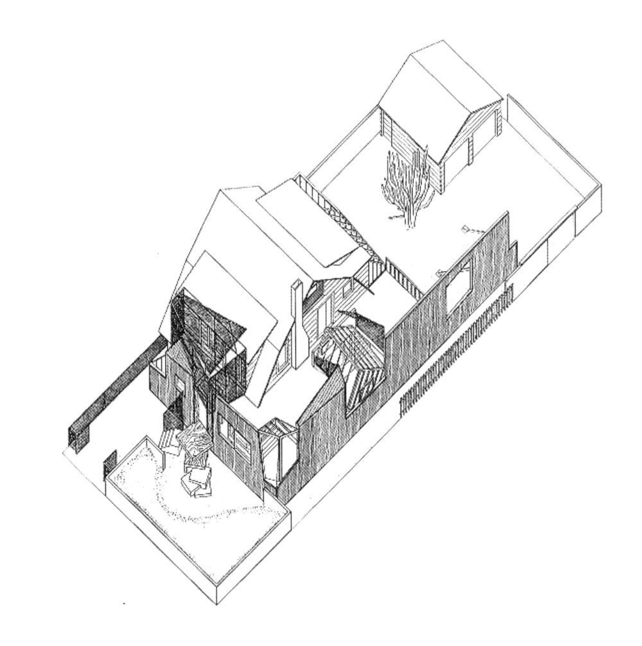

6.1-1

6.1-2 6.1-3

6.1-4

6.1-1 盖里私宅改建平面

A- 首层平面；B- 二层平面

6.1-2 盖里私宅改建设计透视

6.1-3 盖里私宅改建后沿街透视

6.1-4 盖里私宅入口

6.1-5 盖里私宅转角透视
6.1-6 盖里私宅围墙转角玻璃窗
6.1-7 盖里私宅厨房天窗

6.2 从探讨微型城市空间到运用符号学

From Exploring the Micro urban space to Using Semiology

1981–1984 年，在洛杉矶的洛约拉马利蒙特大学法律学院（Law School of Loyola Marymount University）规划中，盖里试图把抽象构图与古典传统的建筑布局相结合。洛约拉法律学院在市区边缘，靠近原来的贫民区，四周是低层住宅，盖里借鉴雅典卫城的构思，以分散的建筑物组成小尺度的建筑群，试图创造一种“微型的城市空间”、一个学术村。[41] 法律学院的总体布局是以模拟法庭及其前面的广场为中心，通过一个略加旋转的轴线导向一个小教堂，校园南、北两端是互相错位的两个讲堂，西侧是一个体量较大的四层综合楼 - 伯恩大楼（Burns Building）。模拟法庭是一幢砖墙承重的坡屋顶建筑，建筑物前的象征性“柱廊”是没有顶的 4 根圆柱，有些像古罗马遗址。伯恩大楼是建筑群的主体，大楼东侧面向中心广场，底层的柱廊使广场增加了传统气氛，造型丰富的室外楼梯由大楼的中部向外出挑，室外楼梯与顶层的玻璃天窗结合，活跃了大楼的立面构图，一个平面规整的综合楼经过一番精心处理之后，令人眼前一亮。

20 世纪 80 年代初期，受符号学的影响，弗兰克·盖里也尝试过在建筑设计中运用符号学的隐喻手法，1984 年设计洛杉矶太空博物馆（California Aerospace Museum）时，在入口上方增加了一个太空飞行器作为符号，隐喻博物馆的功能特征。1991 年在洛杉矶的威尼斯区（Venice）建成的双筒望远镜大楼（Binoculars Building）是盖里设计的一幢很特殊的作品。双筒望远镜大楼是 Chiat/Day 广告代理公司的总部，3 层的办公大楼沿威尼斯区主街，建筑面积约 9300m^2，沿街立面由风格完全不同的 3 部分组合，左侧建筑风格平淡，右侧是一组构架，中间是一个尺度极大的、非常逼真的黑色双筒望远镜。双筒望远镜是瑞典雕塑家克拉斯·欧登伯格（Claes Oldenburg）和他的妻子古斯·凡·布鲁根（Coosje van Bruggen）设计的，欧登伯格夫妇是盖里的好友，双筒望远镜高约 13.7m，双筒镜和后侧的会议室相连，双筒内各有 3 层，分别用于办公室和图书室，双筒望远镜作为广告代理公司总部的标志，寓意很明显。虽然这幢大楼的学术价值并不高，但商业价值却不能低估，2011 年 2 月这幢大楼被谷歌公司（Google）收购，成为谷歌新的洛杉矶分部办公楼。

盖里很喜欢鱼，鱼的动态强烈地吸引着他，他知道鱼类的存在比人类早 30 万年，盖里不仅观察鱼、画鱼而且还到图书馆查阅资料。[42]1986 年他在日本神户市的一家餐馆前设计了一个鱼的雕塑，这个小餐馆便称为“鱼舞餐厅”（Fish Dance Restaurant），作为神户市的一景。1992 年，盖里在西班牙的巴塞罗那港湾又设计了一个很大的鱼形雕塑，雕塑由金属网编织，造型生动，或许是鱼的造型曲线和鱼的动态使他日后创作了大量的曲线造型作品。

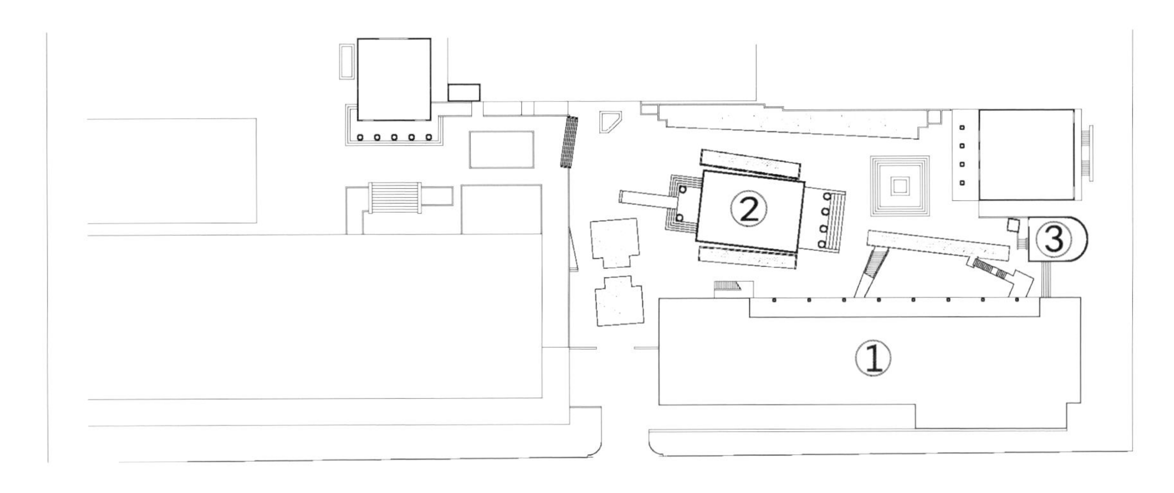

6.2–1

6.2–1 洛约拉马利蒙特大学法律学院总平面
1- 伯恩大楼；2- 模拟法庭；3- 小教堂

[41] Peter Arnell and Ted Bickford. Frank Gehry: Buildings and Projects[M]. New York: Rizzoli International Publications Inc., 1985: 220.

[42] Mildred Friedma (editor). Gehry Talks: architecture + process[M]. London: Thames & Hudson, 1999: 47.

6.2-2	6.2-3
	6.2-4

6.2-2　洛约拉马利蒙特大学法律学院　伯恩大楼的室外楼梯
6.2-3　洛约拉马利蒙特大学法律学院　从伯恩大楼柱廊下望模拟法庭
6.2-4　洛约拉马利蒙特大学法律学院　从伯恩大楼柱廊下望讲堂

6.2-5 6.2-6

6.2-7

6.2-5　洛约拉马利蒙特大学法律学院讲堂
6.2-6　洛杉矶太空博物馆
6.2-7　双筒望远镜大楼

| 6.2-8 | 6.2-10 |
| 6.2-9 | 6.2-11 | 6.2-12 |

6.2-8 双筒望远镜大楼立面
6.2-9 双筒望远镜大楼入口
6.2-10 日本神户市一家“鱼舞餐厅”餐馆前设计了一个鱼的雕塑
6.2-11 “鱼舞餐厅”前的鱼舞雕塑
6.2-12 西班牙巴塞罗那港湾的鱼形雕塑

6.3 动态造型与艺术包装
Dynamic Form and Artistic Packaging

1989年弗兰克·盖里为维特拉家具厂（Vitra Furniture Factory）设计的厂房与博物馆是他建筑风格确立的转折点。盖里在设计中首次采用艺术包装的手法，建筑物的主体部分体型相对规整，辅助部分布置在主体的外围，造型丰富，形成艺术包装的效果。这种建筑艺术包装的手法不断发展，逐步形成盖里个人的独特建筑风格。

1994年，弗兰克·盖里在巴黎设计的美国中心（American Center）进入了一个新阶段。美国中心位于巴黎的贝尔西（Bercy），邻近贝尔西公园，建筑功能比较复杂，有350座的剧场、100座的电影院以及各种活动用房。此外，还有一定数量的公寓客房招待访问学者。美国中心的场地接近正方形，主入口布置在场地的西南角，面向贝尔西公园。主入口的挑檐借用了舞裙的形象，建筑造型具有“请进”的暗示。为了丰富西南转角的造型，左侧公寓的部分客房设计成不规则的体型，右侧将剧场的休息厅向外出挑，形成一组立体构成。虽然建筑造型变化，但是美国中心的建筑尺度、建筑材料的质感与巴黎的古典传统仍然保持一致。由于美国中心的经营不利，仅仅开张了19个月便关闭了，1998年，这幢建筑物被法国文化部收购，改建为电影资料馆。

1995年弗兰克·盖里在捷克共和国的首都布拉格市中心设计了一幢名为跳舞楼（Dancing House）的办公楼，又名为“弗莱德和金格”（Fred and Ginger），1997年建成。跳舞楼是盖里和捷克出生的建筑师Vlado Milunic合作设计的。盖里认为建筑作品应当努力与环境结合，但是不应当无条件地去迎合传统，建筑物应当生活在我们的时代而不是生活在过去。盖里没有去模仿当地的传统建筑风格，由于建筑地段不仅沿着河水又恰好在街区转角，盖里在地段转角处做了两个塔楼，并且将塔楼上部向外出挑。双塔的形态互相配合，一个直立、一个扭曲。扭曲的塔是通透的玻璃体，与直立的塔形成虚实对比，转角处的两个塔楼就像一对舞者站立的姿势。由于双塔上部向外出挑，沿着城市两条干道的4个方向均能看到，双塔不仅成为布拉格的地标建筑而且是城市的重要景观。场地四周建筑物多为5层，盖里设计的跳舞楼为7层。为了使窗孔的位置与相邻建筑保持和谐，盖里将窗孔在室内的位置间隔地布置在靠近地面和天花，同时在立面上增加波形装饰线，调整视觉上的平衡。盖里非常喜欢滑冰，在跳舞楼的屋顶上盖里设计并投资建造了滑冰场和快餐店，冰场的屋顶采用双曲面铝板和双层保温木吊顶。[43]

1997年，弗兰克·盖里在西班牙的毕尔巴鄂市设计了古根海姆博物馆（The Guggenheim Museum Bilbao），盖里不仅没有辜负业主的期望，而且还远远超过了预期的效果。博物馆的造型由曲面块体和矩形块体有机组合而成，雕塑般的造型与城市大桥、河流有机地组合在一起，再次展示了盖里的建筑艺术才能。毕尔巴鄂古根海姆博物馆建筑面积约27590m²，博物馆的曲面块体以闪闪发光的钛金属饰面，美国《时代》周刊赞扬它具有诗一般的动感，是现代巴洛克明珠。博物馆有两点非常突出，其一是建筑物与环境的结合，雕塑般的建筑物与城市大桥、河流（Nervion River）有机地组合在一起，使博物馆融入城市；其二是外部丰富的造型与内部空间有机结合，特别是中庭部分尤为突出。博物馆主要展馆的平面仍然是规整的，有利布置展品，形成建筑基座的首层也相对规整，动态造型部分主要是入口大厅和周围的辅助用房。49.99m高的中庭外部造型和室内空间令人叹为观止。毕尔巴鄂古根海姆博物馆有一种令人琢磨不透的动感，展示了作者丰富的想象力，中庭不仅给观众提供交往和休息空间，也充分用于布置展品，观众在中庭内可以得到充分的艺术享受。

㊸ Mildred Friedma（editor）. Gehry Talks：architecture + process[M]. London：Thames & Hudson，1999：169-180.

2004年在芝加哥建成的杰伊·普里茨克音乐厅（Jay Pritzker Pavilion）是弗兰克·盖里另一个有代表性的作品，音乐厅是普里茨克（Pritzker）家族捐赠的，音乐厅位于芝加哥的千禧公园（Millennium Park）内。[44]千禧公园是芝加哥市为了迎接21世纪建成的开放性公园，公园靠近密歇根湖（Lake Michigan），占地99000m²，2004年，公园和普里茨克音乐厅同时对公众开放，普里茨克音乐厅是公园中的重要景点。普里茨克音乐厅可容纳11000人，其中包括4000个固定座位和7000个可以坐在草地上空间。盖里设计了露天音乐厅的舞台、覆盖4000个固定座位的网状钢管架和容纳7000人的草地，音乐厅的舞台再次展示了盖里的艺术包装技巧，网状钢管架不仅可以支撑露天音乐厅的音响设施，它也是公园内的重要景观。音乐厅的舞台后侧是2003年建成的哈瑞斯剧院（Harris Theater），露天音乐厅与哈瑞斯剧院共用辅助设施，因该地区对公园内的建筑高度有严格限制，哈瑞斯剧院的室内观众厅不得不下沉，普里茨克音乐厅的舞台则作为“艺术品”没有受高度限制，高居哈瑞斯剧院之上。在普里茨克音乐厅东侧，盖里设计了一个跨越公路的曲线步行桥（pedestrian bridge），简称PB，步行桥造型简洁、流畅。

2004年建成的麻省理工学院的史塔特中心（Stata Center）是弗兰克·盖里作品中最有争议的一项。不少人赞扬史塔特中心，认为它是弗兰克·盖里作品中最好的一项，它用雕塑营造的语言，表现人类为了自身的生存和发展，与外力的搏击和角力，在引人深思的同时，鼓励人们扬弃因循守旧、勇往直前。波士顿大学前校长约翰·西尔柏（John Silber）则说：那幢建筑物（史塔特中心）确实是个灾难（the building “really is a disaster”）。学术界有人认为它是20世纪20年代德国表现主义（German Expressionism of the 1920s）的产物。

史塔特中心坐落在麻省理工学院东北角，总建筑面积67000m²，是麻省理工学院的计算机信息与情报科学中心，不仅包括科学研究、教学和行政管理用房，也包括学生活动中心，甚至包括一个托儿所，主入口在东北角沿瓦瑟大街（Vassar Street）。[45]史塔特中心造型复杂、色彩丰富，是盖里作品中最引人关注的作品。其室内首层中心有一条东西向的通道，名为学生大街（Student Street），是学生社交活动的场地，很受学生欢迎。该中心于2003年3月动工，2004年5月启用，楼高36.6m，地上9层、地下3层，使用了1179t钢筋、12万t混凝土、12800片不锈钢嵌板、100万块砖、6586m²玻璃，耗资3亿美元，仅设计费就高达1500万美元。史塔特中心外观有些像迪士尼乐园，色彩鲜艳，造型丰富。麻省理工学院时任负责人查理斯·维斯特（Charles M. Vest）说：“那是一个大玩具盒，就等着人们去玩了。”盖里表示：设计这座建筑物的主导思想是“使发明成为一种快乐”。同时，他也半开玩笑地说：史塔特中心“像一堆喝醉的机器人举行社交聚会”（it looks like a party of drunken robots）。

盖里的艺术包装作品并非都能受到赞扬，2000年在西雅图建成的音乐体验馆（Experience Music Project）便广泛地受到批评，《纽约时代》（New York Times）日报建筑评论员马斯卡姆（Herb Muschamp）称它为“像似从海中爬上来的东西、卷曲、死亡”，美国富比士杂志（Forbes magazine）把它评为世界上最丑的十大建筑之一。2013年，一个偶然的机会，本人有幸路过西雅图，专访了这幢世界上最丑的建筑物，音乐体验馆四周丛林围合，透过绿化偶见一些色彩丰富的曲面，似乎并不像某些人批判的那么丑，绿化环境包装了建筑物。

在纽约市中心建成的摩天楼是弗兰克·盖里2011年的作品，摩天楼建在纽约市政厅南侧、云杉街8号（8 Spruce Street）。摩天楼高267m，共有76层，总建筑面积93000m²，首层是零售商业，2-6层为9300m²的小学（包括一个460m²的室外活动平台），可容纳600名学生，第7层布置23000m²的医院，以上各层共有903套豪华公寓，公寓的入口与公建的入口分开设置。摩天楼底部是一个6层的基座，基座饰以传统的橘黄色面砖，高层部分由10500块规格完全不同的钢板饰面，形成柔和的曲面造型，外观典雅。当你围绕着塔楼走动时，塔楼的外观不断变化，盖里以建筑造型的不断变幻显示数码时代的新技术，表达对标准化的对抗。纽约人杂志（New Yorker magazine）著名评论员保罗·戈德伯格（Paul Goldberger）认为：它是纽约最美的高塔之一。

㊹ 普利兹克家族是美国最富有的家族之一，在世界各地经营凯悦酒店（Hyatt Hotel）等大型商业项目。普利兹克家族设立的建筑奖被认为是“建筑界的诺贝尔奖”和“行业最高荣誉”，该奖项包括10万美元、正式证书和铜牌奖章，程序和奖励仿照诺贝尔奖。

㊺ 史塔特中心的主要捐资人是雷·斯塔塔（Ray Stata）和玛丽亚·斯塔塔（Maria Stata）夫妇，雷·斯塔塔是麻省理工学院1957年的毕业生，他是“模拟设备”公司的创始人之一，因此命名为斯塔塔中心，也称雷与玛丽亚史塔特中心（Ray and Maria Stata Center）。

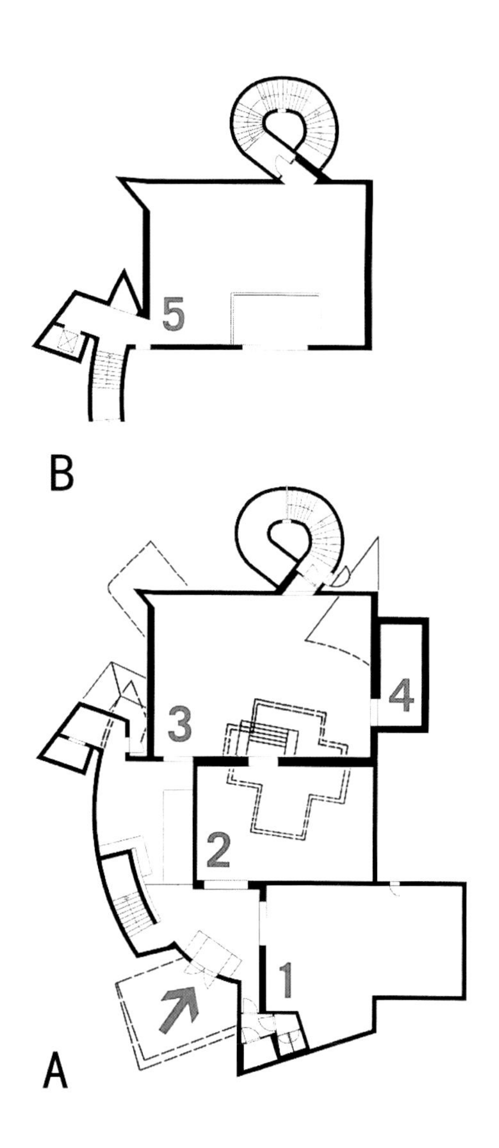

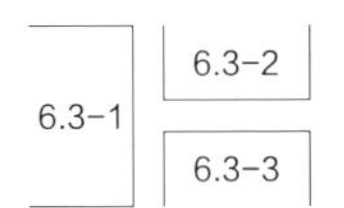

6.3-1　维特拉家具厂博物馆平面

A- 首层平面；B- 上层平面

1- 教育厅；2、3- 展厅；4- 辅助用房；5- 办公

6.3-2　维特拉家具厂博物馆透视之一

6.3-3　维特拉家具厂博物馆透视之二

6.3-5
6.3-4
6.3-6

6.3-4　维特拉家具厂博物馆入口
6.3-5　维特拉家具厂博物馆室内
6.3-6　维特拉家具厂博物馆楼梯

6.3-7 6.3-8

6.3-9 6.3-10

6.3-7　盖里为维特拉家具厂设计的厂房（右）与博物馆（左）
6.3-8　维特拉家具厂厂房透视
6.3-9　维特拉家具厂厂房入口
6.3-10　厂前区名为“平衡工具”的雕塑与博物馆呼应

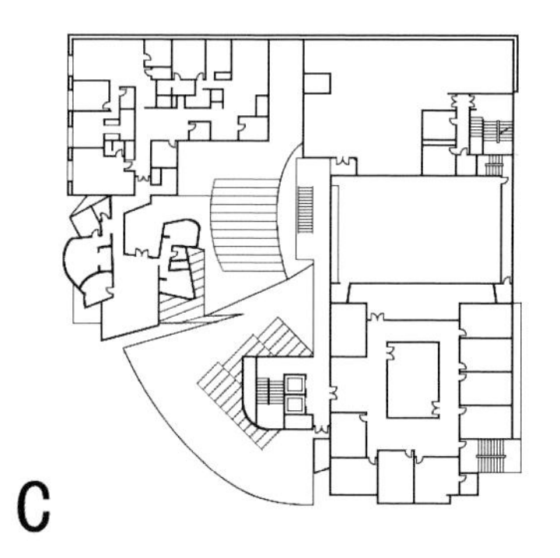

C

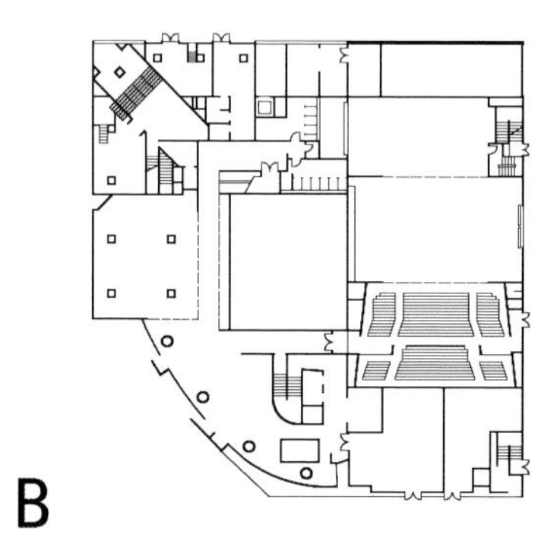

B

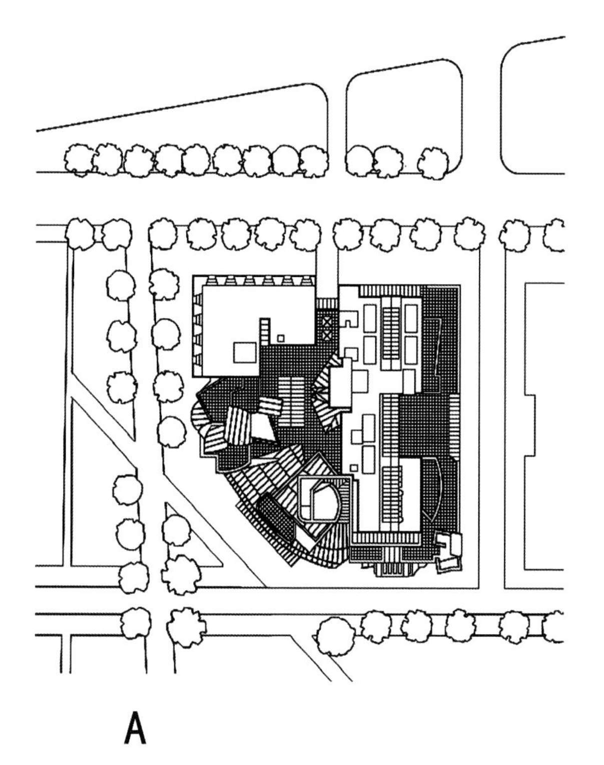

A

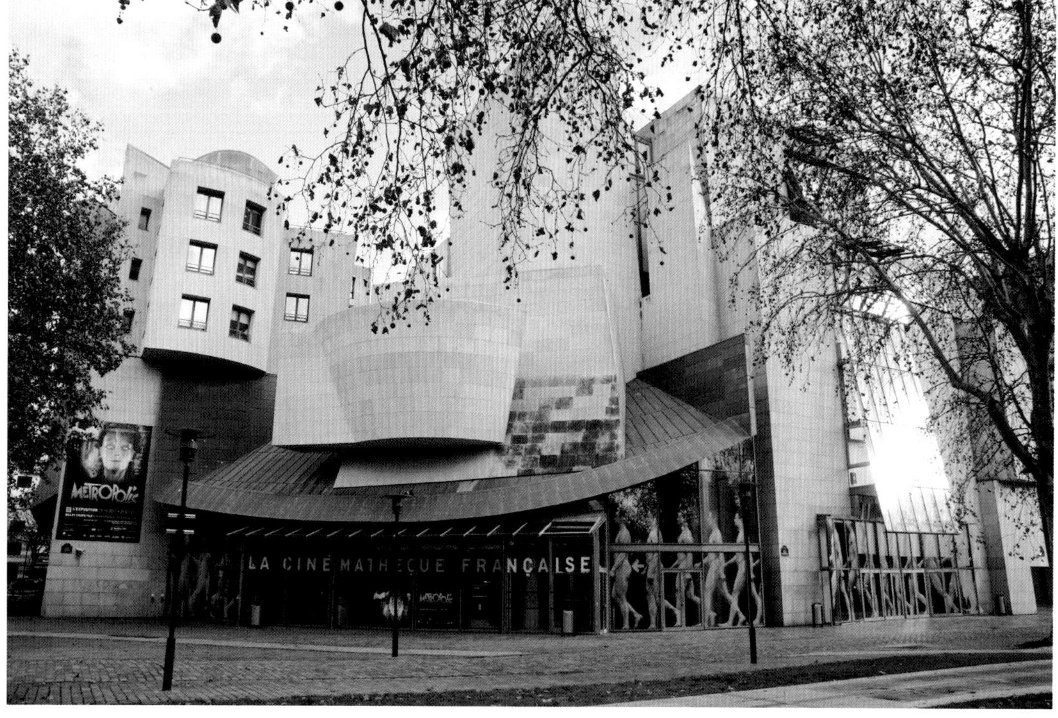

6.3-11 6.3-12 6.3-13

6.3-11　巴黎的美国中心平面

A- 总平面与屋顶平面；B- 首层平面；C- 四层平面

6.3-12　远望巴黎的美国中心，现为电影资料馆

6.3-13　美国中心入口挑檐借用了舞裙的形象

6.3-14 | 6.3-15 | 6.3-16

6.3-14　美国中心剧场的休息厅向外出挑
6.3-15　美国中心公寓的部分客房外观设计成不规则的体型
6.3-16　美国中心楼梯采光

6.3-17　6.3-18

6.3-19

6.3-17　布拉格市中心跳舞楼的环境

6.3-18　布拉格市中心跳舞楼转角

6.3-19　布拉格市中心跳舞楼入口

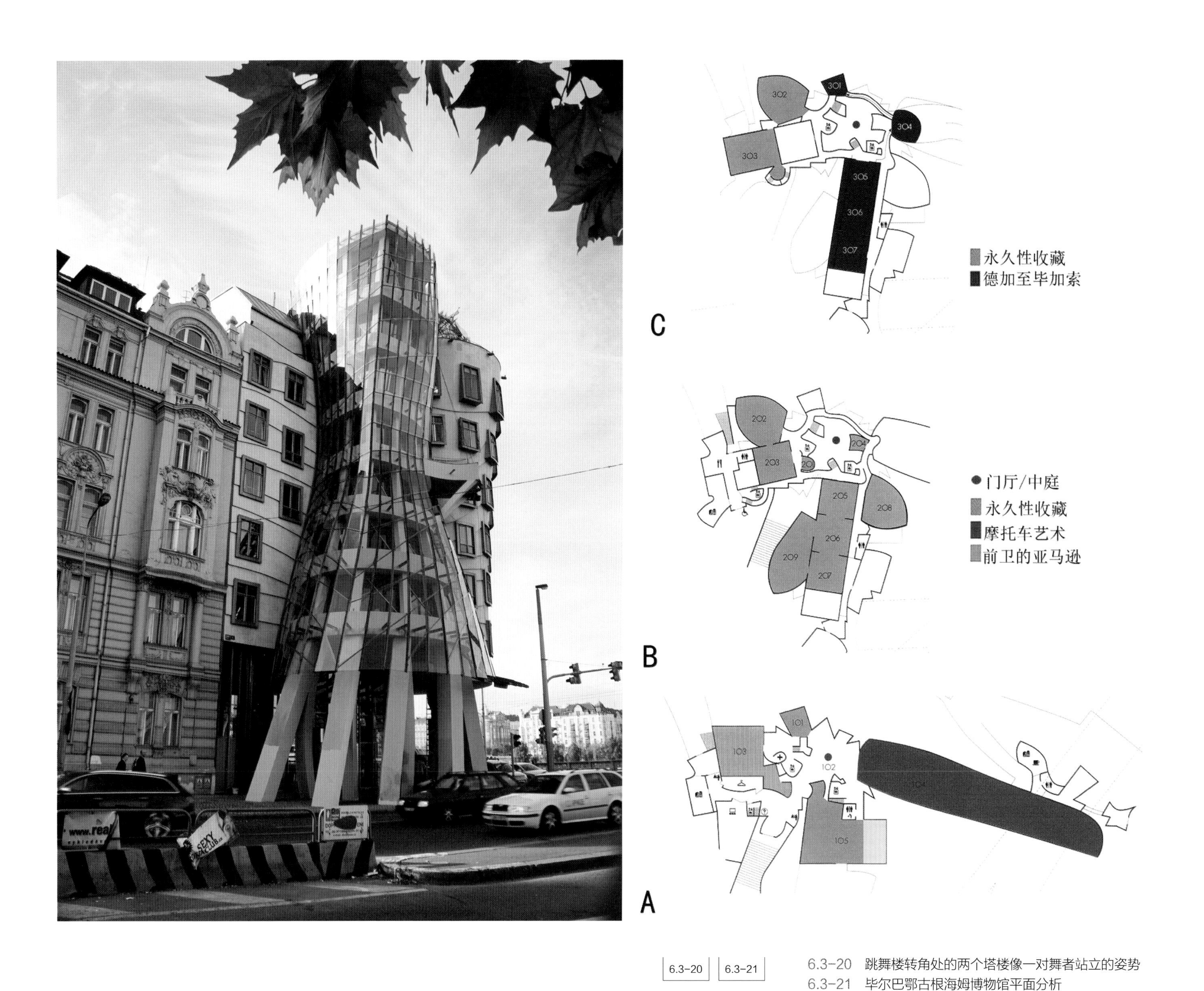

6.3-20 6.3-21

6.3-20 跳舞楼转角处的两个塔楼像一对舞者站立的姿势
6.3-21 毕尔巴鄂古根海姆博物馆平面分析
A- 首层平面；B- 二层平面；C- 三层平面

6.3-22

6.3-23　6.3-24

6.3-22　毕尔巴鄂古根海姆博物馆沿河夜景
6.3-23　毕尔巴鄂古根海姆博物馆沿河全景
6.3-24　毕尔巴鄂古根海姆博物馆主体透视

6.3-25	6.3-26
6.3-27	6.3-28

6.3-25　毕尔巴鄂古根海姆博物馆河中的小品
6.3-26　毕尔巴鄂古根海姆博物馆体块的组合
6.3-27　毕尔巴鄂古根海姆博物馆入口
6.3-28　毕尔巴鄂古根海姆博物馆局部跨越地下通道

6.3-29
6.3-30

6.3-29　毕尔巴鄂古根海姆博物馆从门厅望入口
6.3-30　毕尔巴鄂古根海姆博物馆门厅中的挑台

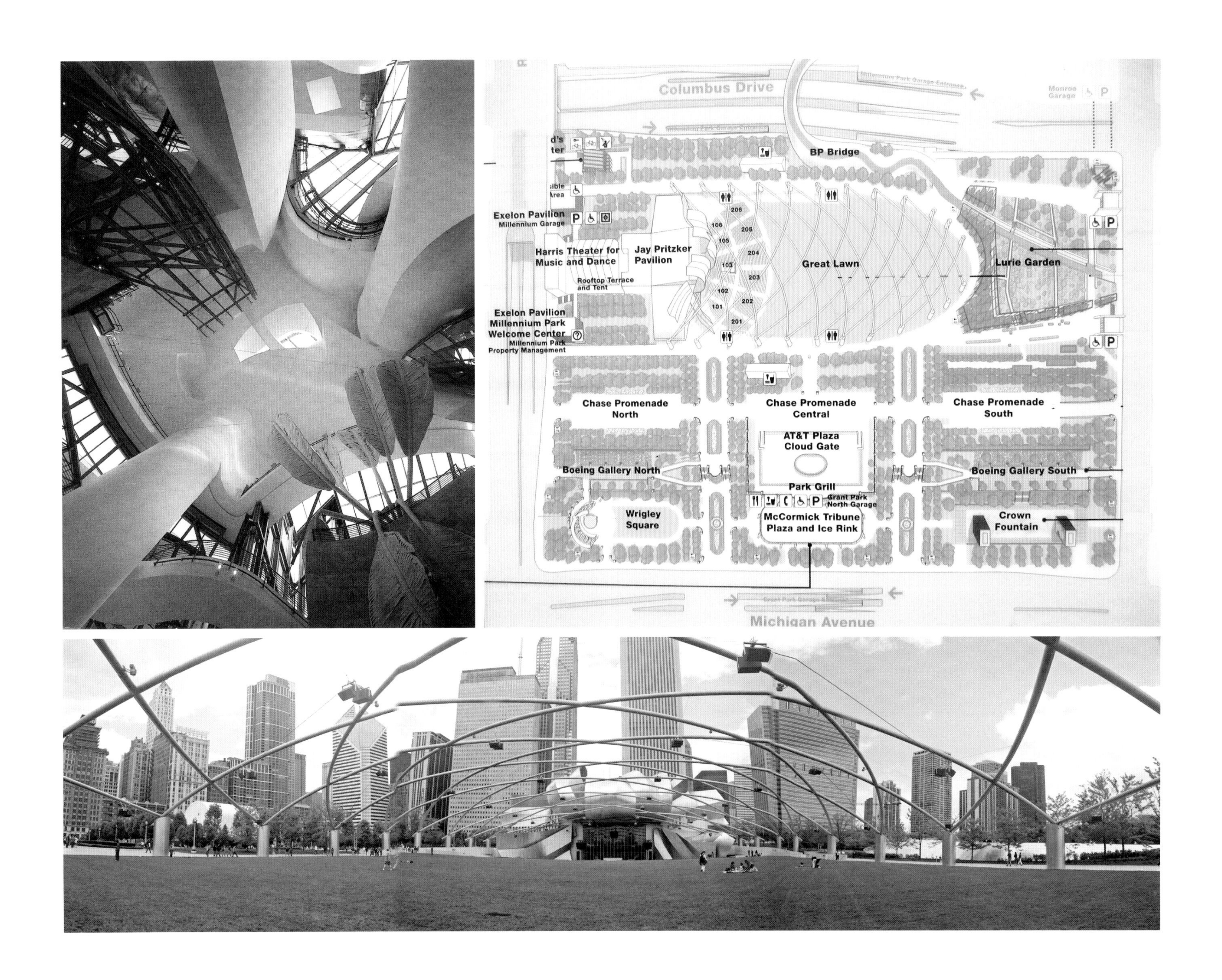

6.3-31 仰视毕尔巴鄂古根海姆博物中庭采光
6.3-32 杰伊·普里茨克露音乐厅总平面与千禧公园
6.3-33 杰伊·普里茨克露音乐厅背景天际线

6.3-34	6.3-35	6.3-36
6.3-37	6.3-38	

6.3-34　普里茨克露音乐厅
6.3-35　普里茨克露音乐厅观众席与舞台
6.3-36　普里茨克露音乐厅声学设施
6.3-37　普里茨克露音乐厅舞台
6.3-38　普里茨克露音乐厅草地座位

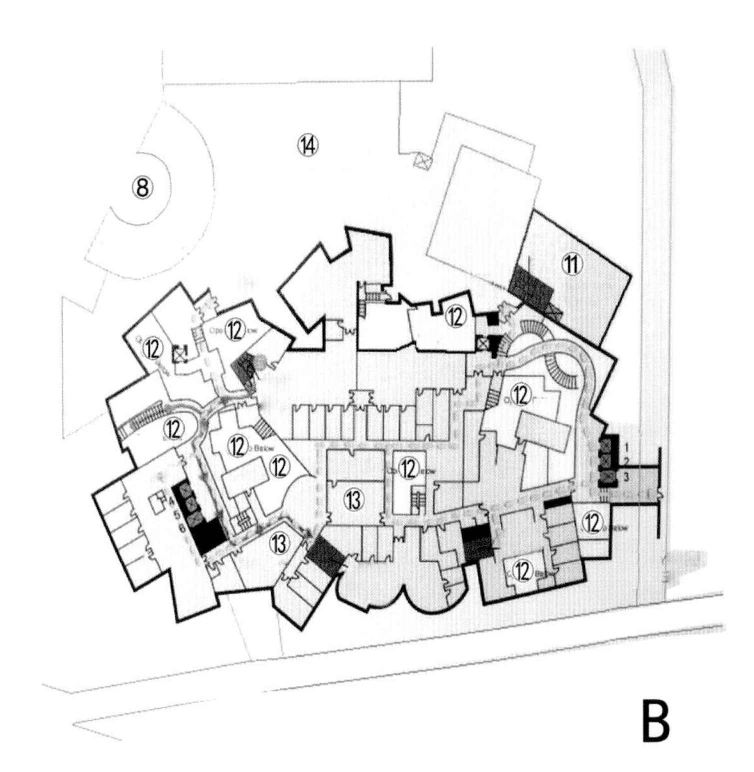

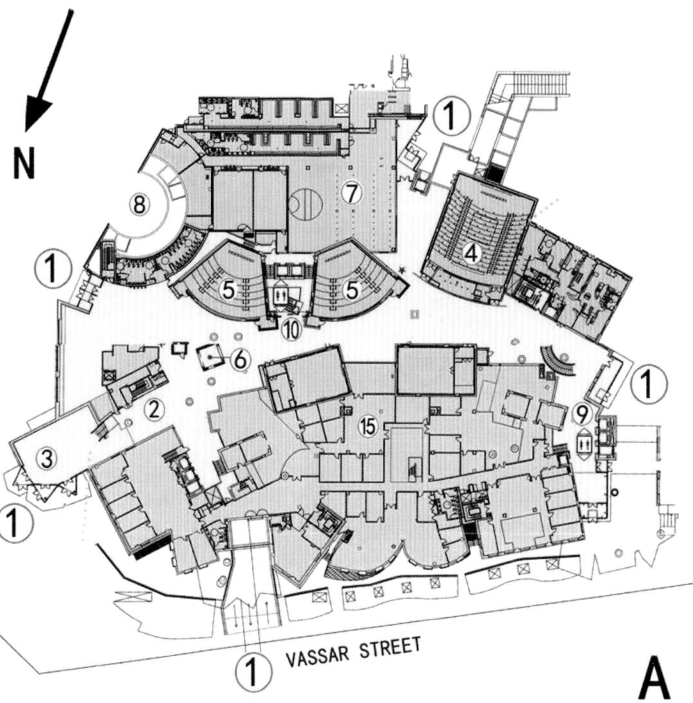

6.3-39 | 6.3-40 | 6.3-41

6.3-39 史塔特中心平面

A- 首层平面；B-3 层平面

1- 入口；2- 问询中心；3-TSMC 门厅；4-Kirsch 报告厅；5- 教室；6- 图书会议；7- 健身中心；8- 露天剧场；9- 纪念厅；10- 学生的壁画；11- 托儿中心；12- 中庭采光；13- 辅助机房；14- 屋顶花园；15- 科学研究、教学和行政管理用房

6.3-40 史塔特中心透视（左侧），右侧为瓦瑟大街

6.3-41 史塔特中心西南侧透视

6.3-42　史塔特中心入口透视
6.3-43　史塔特中心入口
6.3-44　史塔特中心体型组合
6.3-45　史塔特中心露天剧场
6.3-46　史塔特中心学生街东端的楼梯
6.3-47　史塔特中心学生街西端的螺旋楼梯下面
6.3-48　史塔特中心色彩与体型

6.3-42	6.3-44	6.3-47
	6.3-45	
6.3-43	6.3-46	6.3-48

6.3-49　史塔特中心入口内的门厅
6.3-50　俯视史塔特中心图书室
6.3-51　史塔特中心学生街采光
6.3-52　史塔特中心随处可见的休息角落
6.3-53　史塔特中心学生街的螺旋楼梯
6.3-54　史塔特中心学生街的立柱与楼梯

6.3-49	6.3-50	6.3-51
6.3-52	6.3-53	6.3-54

6.3-55 | 6.3-56
6.3-57 | 6.3-58

6.3-55 史塔特中心的屋顶花园
6.3-56 史塔特中心的镜面玻璃反射
6.3-57 俯视西雅图的音乐体验馆施工中犹如一堆垃圾
6.3-58 西雅图的音乐体验馆被绿地围合后视觉还可以

6.3-59	6.3-60
	6.3-61

6.3-59　纽约市中心的盖里摩天楼体型变化
6.3-60　纽约市中心的盖里摩天楼
6.3-61　纽约市中心的盖里摩天楼左一

6.4 华特·迪士尼音乐厅：建筑艺术包装的范例

Walt Disney Concert Hall：The excellent Example of Artistic Packaging

1987年华特·迪士尼（Walt Disney，1901–1966年）的遗孀莉莉安·迪士尼（Lillian Disney）捐赠5000万美元在洛杉矶市中心筹建音乐厅，作为赠给洛杉矶市民的礼品和纪念迪士尼对艺术的贡献。[46]在众多高手的竞争中弗兰克·盖里的方案中选，此后，盖里用了近5年的时间逐步改进设计，最终的成果近乎完美。华特·迪士尼音乐厅于2003年建成，它标志着盖里创作事业的巅峰。

华特·迪士尼音乐厅被安置在洛杉矶市中心，靠近洛杉矶音乐中心（Los Angeles Music Center），成为洛杉矶音乐中心的第四座音乐厅，同时也是洛杉矶爱乐乐团（Los Angeles Philharmonic Orchestra）和洛杉矶合唱团（Los Angeles Master Chorale）的团本部。迪士尼音乐厅的主厅可容纳2265席，还有266个座位的罗伊迪士尼剧院（Roy and Edna Disney/CalArts Theater）以及百余座位的小剧场。

盖里对音乐厅的音响问题极为重视，他曾独自赴柏林访问德国现代建筑先驱汉斯·夏隆（Hans Bernhard Scharoun，1893–1972年）昔日的助手，并深入调研了夏隆设计的、1963年建成的柏林爱乐音乐厅，因为柏林爱乐音乐厅的音响设计获得一致好评。[47]盖里在设计迪士尼音乐厅时，吸取了柏林爱乐音乐厅的经验，为了取得良好的音响效果，将舞台布置在音乐厅的中心，座位四面围合。迪士尼音乐厅舞台后侧的管风琴（pipe organ）由6125支音管组成，音管并非按照一般管风琴的整齐排列，盖里将音管排列成抽象造型，如同草丛般自由歪斜，管风琴的造型曾引发不少争议，有人认为与快餐店的薯条包装太过于相似，太多的管子集中在中央，操纵起来也相对复杂，因此，建筑界质疑音乐厅是否能提供良好的声学效果。在几场音乐演出之后，迪士尼音乐厅良好的音响效果广泛地受到赞誉。

迪士尼音乐厅的建筑造型是盖里最具创造性的作品，把建筑艺术包装的手法发挥得淋漓尽致。音乐厅的主体平面是规整的矩形，门厅及辅助部分不仅外形变化，内部空间也极为丰富。盖里原拟外装修采用石材，甲方认为石材若不经常清洗会变脏，颜色会变暗，希望采用金属。金属饰面为盖里的曲面包装创造了有利条件，最终，迪士尼音乐厅局部外装修采用石材，大部分外装修采用金属。[48]迪士尼音乐厅落成后，由于金属外装修的强烈反射光，一度引起周边居民困扰，曲面抛光的不锈钢如同大面的镜子，将炙热的阳光反射到周边公寓内，使居民的空调费用暴增，街上行人也难以承受突如其来的高热，据说路边温度可高达60℃。最终经电脑分析，将容易折射光线到人们活动区域的几片不锈钢饰面用喷砂的方法将其亮度减低，避免同样的问题再次发生。

迪士尼音乐厅的门厅常年免费对外开放，成为重要的旅游景点。室内“树干”式的柱形引人入胜，有些通风管道也做成树干状，树干形状的柱子以北美黄杉（Douglas fir）作饰面，色调柔和、高雅，成为迪士尼音乐厅室内装修的基调。灰色的采光天窗钢架和白色的钢筋混凝土曲面挑台与柔和的黄杉木柱有机组合，使门厅的空间既丰富又和谐。

屋顶花园是迪士尼音乐厅最大的亮点，约4000m^{2}面积的屋顶花园布置在音乐厅屋顶的南侧和西侧，花园高出邻近的城市路面约10.4m，花园由加利福尼亚州政府投资，洛杉矶的景观建筑师梅林达·泰勒（Melinda Taylor）主持绿化设计。屋顶花园移植了约45棵形态良好的乔木，包括美丽的红珊瑚树。盖里为屋顶花园设计了一个喷水池，喷水池是献给已故的迪士尼音乐厅捐赠人莉莉安·迪士尼。喷水池为玫瑰花形状，瓷砖贴面，因为莉莉安·迪士尼喜欢玫瑰花和上釉的陶瓷，喷水池的尺度较大，由不锈钢丝网和混凝土制作花瓣，再用陶瓷片拼贴，喷水池建成后成为屋顶花园的景观焦点。屋顶上还设有一处为儿童服务的露天小活动场，可以用于游人的休息、野餐场所。

迪士尼音乐厅的建造并非一帆风顺，1992年开始施工地下停车场，1996年地下停车场建成时已耗资11000万元，由于资金不足一度被迫停工。音乐厅落成时，包括地下停车场，造价已累计到27400万美元（$274 million），其中迪士尼家族捐款8450万美元、迪士尼公司捐款2500万美元，迪士尼音乐厅是洛杉矶有史以来最昂贵的音乐厅。

㊻ 华特·迪士尼是世界最著名的的电影制片人、导演、剧作家、配音演员和动画师，他对于梦想的勇敢追求，卓越的洞察力和敏锐的商业眼光使他成为著名的企业家，他也是一位慈善家。他创造了《白雪公主》《木偶奇遇记》等很多知名的电影，以及米老鼠等动画角色，他还开创了主题乐园的形式，使“迪士尼乐园”（Disneyland）闻名全球。

㊼ Mildred Friedma（editor）. Gehry Talks：architecture + process[M]. London：Thames & Hudson，1999：111.

㊽ Mildred Friedma（editor）. Gehry Talks：architecture + process[M]. London：Thames & Hudson，1999：114.

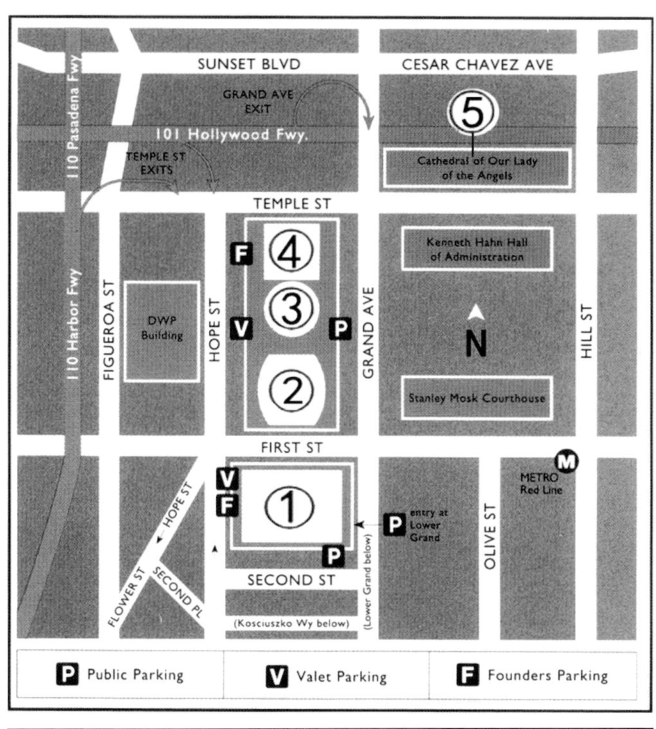

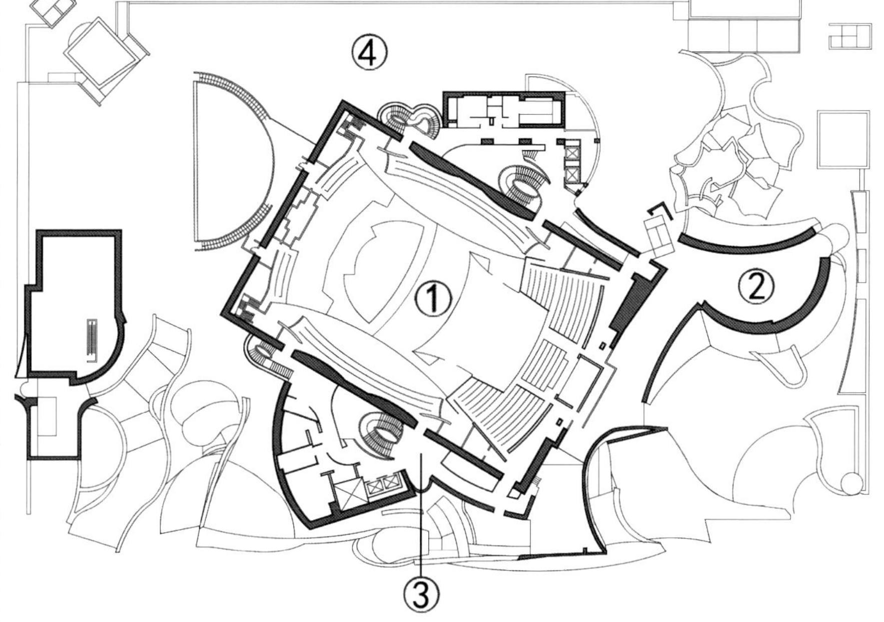

6.4-1	6.4-4
6.4-2	6.4-5
6.4-3	

6.4-1 迪士尼音乐厅的四周环境
1- 迪士尼音乐厅；2- 洛杉矶音乐中心；
3- 马克锥论坛；4- 阿曼森剧院；5- 圣母大教堂
6.4-2 迪士尼音乐厅初期设计模型
6.4-3 迪士尼音乐厅后期设计草模
6.4-4 迪士尼音乐厅的四周环境
6.4-5 迪士尼音乐厅平面
1- 观众厅；2- 小剧场；3- 门厅；4- 屋顶花园

6.4-6	6.4-7

6.4-8	6.4-9	6.4-10

6.4-6 迪士尼音乐厅沿街透视之一
6.4-7 迪士尼音乐厅沿街透视之二
6.4-8 迪士尼音乐厅主入口
6.4-9 迪士尼音乐厅沿街入口
6.4-10 迪士尼音乐厅沿街下沉式小茶室

6.4-11 6.4-12
6.4-13 6.4-14

6.4-11　迪士尼音乐厅门厅
6.4-12　迪士尼音乐厅室内大厅树干形支柱
6.4-13　迪士尼音乐厅室内大厅支柱色彩变化
6.4-14　迪士尼音乐厅室内大厅支柱与采光

6.4-15　6.4-16

6.4-17

6.4-15　迪士尼音乐厅的楼梯与自动扶梯底层
6.4-16　迪士尼音乐厅楼梯与自动扶梯顶层
6.4-17　迪士尼音乐厅室内顶部采光

6.4-18

6.4-18　迪士尼音乐厅休息厅

6.4-19

6.4-20

6.4-21

6.4-19　迪士尼音乐厅小剧场
6.4-20　迪士尼音乐厅室内空间组合
6.4-21　迪士尼音乐厅室内挑台组合

6.4-22	6.4-23
6.4-24	

6.4-22 仰视迪士尼音乐厅室内曲线挑台
6.4-23 迪士尼音乐厅室内曲线挑台构图效果
6.4-24 迪士尼音乐厅的舞台与管风琴

6.4–25

6.4–25　俯视迪士尼音乐厅观众厅室内

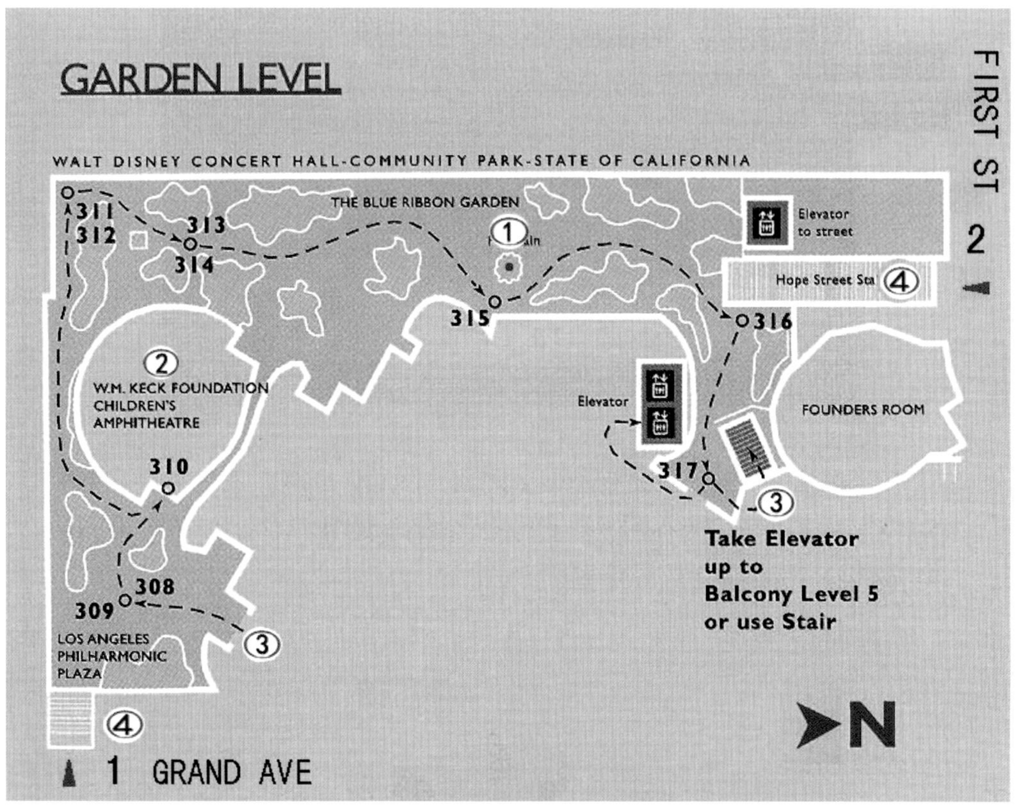

6.4-26 迪士尼音乐厅屋顶花园平面
1- 玫瑰花形状喷水池；2- 儿童露天小剧场；
3- 室内通向屋顶花园的出口；4- 城市街道通向屋顶花园的大台阶
6.4-27 迪士尼音乐厅屋顶花园出口
6.4-28 从室外通向迪士尼音乐厅屋顶花园
6.4-29 从迪士尼音乐厅屋顶花园俯视楼梯组合

6.4-30	6.4-31
6.4-32	6.4-33

6.4-30　迪士尼音乐厅屋顶花园的儿童露天小剧场
6.4-31　迪士尼音乐厅屋顶花园的玫瑰花形状喷水池
6.4-32　迪士尼音乐厅屋顶花园的绿化
6.4-33　迪士尼音乐厅屋顶花园的曲径

6.4-34	6.4-35
6.4-36	

6.4-34　迪士尼音乐厅屋顶花园的艺术包装
6.4-35　迪士尼音乐厅屋顶花园的对景
6.4-36　迪士尼音乐厅屋顶花园屋面材料与绿化的组合

6.5 开发非线性软件的先驱

The Pioneer of Editing nonlinear software

1989年，曾经在波音公司工作过的吉姆·格里夫（Jim Glymph）参加到盖里的建筑设计事务所，在设计维特拉家具厂的厂房与博物馆时格里夫引进了CATIA程序，并聘请了包括理查德·史密斯（Richard Smith）在内的几位计算机专家，按照盖里对建筑物进行艺术包装的要求，使维特拉家具厂的厂房与博物馆的造型比原设计方案丰富了许多。此后，格里夫缓慢地发展CATIA程序，并取得达索系统公司的支持，盖里投入了大量资金，计算机的作用在毕尔巴鄂的古根海姆博物馆设计中充分显示了优越性，古根海姆博物馆不仅造型突出，也准确地控制了造价，并能按时完工。CATIA的运用使盖里的建筑事务所可以在15min内将想象的建筑造型转换到计算机中，同时可以知道每平方英尺的造价。凭借计算机，盖里可以在设计初期判断方案的可行性，有利于开发商谈判。2002年，盖里的建筑事务所设立了专门的机构"盖里技术"（Gehry Technologies），在CATIA V5的基础上开发出专门的软件"数字化项目"（Digital Project）。达索系统公司的总裁伯纳德·夏尔（Bernard Charles）对盖里在建筑设计中的投入很有兴趣。夏尔认为：盖里的工作改变了达索系统公司关于CATIA的思路，有助于他们在航空和汽车工业方面的发展。[49] 目前，运用CATIA程序进行设计的建筑师不少，恐怕还没有哪个公司能达到盖里建筑事务所的水平。

CATIA是由法国达索系统公司（Dassault Systemes）开发的、跨平台的商业3维计算机辅助设计软件。CATIA是法语Conception Assistée Tridimensionnelle Interactive Appliquée的首字母缩写，同时也是英语Computer Aided Three-dimensional Interactive Application的首字母缩写。19世纪70年代，CATIA诞生于达索航空内部的软件开发项目，1981年达索创立了专注于工程软件开发的子公司达索系统，并与IBM合作进行CATIA的营销与推广。1984年，美国波音飞机制造公司启用CATIA作为其主要CAD软件。CATIA系列产品已经在七大领域里成为首要的3D设计和模拟解决方案：汽车、航空航天、船舶制造、厂房设计、电力与电子、消费品和通用机械制造，在世界上有超过13000的用户选择了CATIA，无论是实体建模还是曲面造型，由于CATIA提供了智能化的树结构，用户可方便、快捷地对产品进行重复修改。从1982年到1988年，CATIA相继发布了V1（版本1）、V2、V3，并于1993年发布了功能强大的V4。V5版本的开发开始于1994年，CATIA V5版本是IBM和达索系统公司长期以来在为数字化企业服务过程中不断探索的结晶。2011年，达索系统公司又推出V6R2011，作为该公司逼真体验（Lifelike Experience）战略实施的一部分。2018年5月，达索系统入选2018年全球最具创新力企业百强榜单，排名第48位。

---

[49] Mildred Friedma（editor）. Gehry Talks：architecture ＋ process[M]. London：Thames & Hudson，1999：48-51.

6.6 现代建筑先驱们对盖里的启示

The Enlightenment of Modern Architecture Pioneers to Frank O. Gehry

盖里自幼喜欢鱼，鱼的造型和动态成为他建筑创作构思的重要源泉。不可否认，现代建筑先驱们的创作思想也对盖里有重要启示，盖里的曲面思想最初便是芬兰建筑师阿尔瓦·阿尔托（Alvar Aalto，1898–1976年）的启示，盖里在《盖里谈话》中详细谈到这点："当我16岁时，在多伦多大学听过一个报告，一位奇妙的芬兰建筑师展示了一把椅子，我记住了这位建筑师，后来知道他是阿尔托，我喜欢他，我喜欢这个报告。1972年我的妻子和我访问了芬兰，拜访了阿尔托的工作室，在那里停留了两个小时，他们让我坐在阿尔托的椅子上，但是没有见到阿尔托。几年后，一位夫人来到我的办公室，看起来很面熟，她和我谈了近一个小时后我才意识到她是谁，我说：你是阿尔托夫人，他是我心目中的英雄"。[50] 从盖里的描绘中我们可以理解这位以曲面创作闻名于世的"盖里风格"最初是阿尔托曲面胶合板椅子的启发。

勒柯布西耶（Le Corbusier，1887–1965年）对盖里的启示更是多方面的。盖里曾经谈到，勒柯布西耶的绘画使勒柯布西耶本人从格网布局中解放，这种解放提升多种可能，但是归结到一点，允许在空间中有一定程度可以变化的时间。格网排除了时间，纳入一种绝对的体系，没有时间的空间重复和同步。[51] 盖里也从格网中解放出来，他还进一步尝试创造空间的流动和空间的不连续。盖里最初曾抵制过勒柯布西耶的思想，直到在哈佛大学看到勒柯布西耶设计的卡本特视觉艺术中心（Carpenter Visual Art Center）才改变了看法，但是还不能理解他的设计思想，盖里专程去欧洲考察了勒柯布西耶的作品，包括朗香教堂（La Chapelle de Ronchamp）和拉图雷特修道院（Le Couvent de la Tourette），这才懂得了勒柯布西耶。[52]

[50] Mildred Friedma（editor）. Gehry Talks：architecture + process[M]. London：Thames & Hudson，1999：41.

[51] Jeremy Gilbert Rolfe with Frank Gehry. Frank Gehry：The City and Music[M]. London：Routledge（Taylor & Francis Group），2001：84.

[52] Mildred Friedma（editor）. Gehry Talks：architecture + process[M]. London：Thames & Hudson，1999：41.

图片来源：
SOURCES OF ILLUSTRATIONS

* 曲敬铭摄影的图片：
◆ 3.1-8，3.1-9，3.1-10，3.1-11
◆ 3.2-10，3.2-12，3.2-19，3.2-20，3.2-21，3.2-22
◆ 3.4-6，3.4-11，3.4-12
◆ 4-3，4-4，4-5，4-6，4-8，4-9，4-10，4-11，4-12，4-13
◆ 5.1-23，5.1-24，5.2-19，5.2-21
◆ 5.3-1，5.3-4，5.3-5，5.3-6，5.3-20，5.3-22，5.3-23
◆ 6.3-17，6.3-19，6.3-26，6.3-28，6.3-29，6.3-43，6.3-44，6.3-46，6.3-48，6.3-49，6.3-50，6.3-54，6.3-55，6.3-56
◆ 6.4-9，6.4-10，6.4-15，6.4-20，6.4-27，6.4-29，6.4-36

* 孙煊摄影的图片：
◆ 3.2-4，3.2-5，3.2-6，3.2-7
◆ 3.3-1，3.3-3，3.3-4，3.3-5，3.3-6，3.3-7，3.3-10，3.3-11，3.3-12，3.3-13，3.3-14，3.3-15，3.3-16，3.3-17，3.3-18，3.3-19，3.3-20，3.3-21
◆ 3.4-3，3.4-4，3.4-10
◆ 5.1-14，5.1-19，5.1-20，5.1-21，5.1-22，5.1-29
◆ 5.2-11
◆ 6.3-8

* 周锐摄影的图片：
◆ 3.2-8，3.2-9，3.2-11，3.2-13，3.2-14，3.2-15，3.2-16，3.2-18
◆ 3.3-8，3.3-9
◆ 3.4-9，3.4-15
◆ 5.2-3，5.2-12
◆ 5.3-9，5.3-10，5.3-11，5.3-16

* 李文海摄影的图片：
◆ 3.2-17
◆ 3.4-6，3.4-8，3.4-13，3.4-14
◆ 5.2-8，5.2-9，5.2-10
◆ 5.3-12，5.3-14，5.3-15，5.3-17

* 叶子轻摄影的图片：
◆ 6.3-12，6.3-13，6.3-14，6.3-15，6.3-16

* 卢岩摄影的图片：
◆ 6.1-3，6.1-4，6.1-5，6.1-6

* 邵力群摄影的图片：
◆ 6.3-59，6.3-60，6.3-61

* 甘晓音摄影的图片：
◆ 6.3-33，6.3-34

* 宋欣然摄影的图片：
◆ 3.1-4，3.1-5

* 选自相关单位的图片：
◆ 1.1-1，1.1-3，1.1-14，3.1-13，3.1-14，4-2，4-14，4-15，4-16，4-17，4-18，4-19，4-20，4-21，5.2-13，5.2-14，5.2-15，5.2-17，5.2-22，5.2-23，6.2-7，6.3-22，6.3-23，6.3-57，6.4-24，6.4-25 选自 Wikipedia，the free encyclopedia（本书作者进行了技术加工）
◆ 1.1-4，1.1-6. 选自 Museum of Modern Art，New York
◆ 1.1-5. 选自 Moscow，Pushkin Museum
◆ 2.1-1，2.2-1 选自拉维莱特公园的介绍（本书作者进行了技术加工）
◆ 3.1-2，3.1-12 选自 Edited by Stephen Dobney. Eisenman Architects（The Master Architect Series）[M]. The Images Publishing Group Pty Ltd 1995：39，216（本书作者进行了技术加工）
◆ 3.2-1，3.2-2，3.2-3 选自韦克斯纳艺术中心的现场介绍材料
◆ 5.1-1，5.1-2，5.1-3，5.1-4，5.1-5 选自 AA 233 JUIN 1984[J]
◆ 5.1-6，5.1-8 选自 Sept. 1993 Architecture US [J]
◆ 5.3-27 选自百度图片
◆ 6.3-21 选自毕尔巴鄂古根海姆博物馆的介绍（本书作者进行了技术加工）
◆ 6.4-1 选自迪士尼音乐厅的介绍（本书作者进行了技术加工）

* 相关单位的总平面及平面图由薛纳重新绘制：
3.1-1，3.1-3，3.2-3，3.4-2，4-1，5.1-7，5.1-9，6.1-1，6.1-2，6.2-1，6.3-1，6.3-11，6.4-5

* 本书未注明来源的图片均为本书作者拍摄。

参考文献：
Select Bibliography

1. Mark Wigley. The Architecture of Deconstruction: Derrida' s Haunt[M]. Massachusetts: The MIT Cambridge,2002.
2. Francesco Dal Co and Kurt W. Forster. Frank O. Gehry: The Complete Works[M]. New York: The Monacelli Press,1998.
3. Mildred Friedma (editor). Gehry Talks: architecture + process[M]. London: Thames & Hudson,1999.
4. Jeremy Gilbert Rolfe with Frank Gehry. Frank Gehry: The City and Music[M]. London: Routledge(Taylor & Francis Group), 2001.
5. Peter Arnell and Ted Bickford. Frank Gehry: Buildings and Projects[M].
   New York: Rizzoli International Publications Inc., 1985.
6. Edited by Stephen Dobney. The Master Architect Series: Peter Eisenman[M]. Mulgrave: The Images Publishing Grouo Pty Ltd., 1995.
7. Cynthia Davidson(Editor). Tracing Eisenman[M]. London: Thames & Hudson,2006.
8. Bernard Tschumi. Architecture concepts : red is not a color[M]. New York : Rizzoli, 2012.
9. Carsten-Peter Warncke and Ingo F. Walther. Picasso[M]. Koln: Benedikt Taschen, 1911.
10. Zaha Hadid. Space for Art[M].Switzerland: Lars Muller Publishers,2004.
11. Edited by Stephen Dobney. Eisenman Architects(The Master Architect Series) [M]. The Images Publishing Group Pty Ltd 1995.